普通高等教育机械类应用型人才及卓越工程师培养规划教材

机械工程学科专业概论

许崇海　主　编

王仁人　沈敏德　王静波　许树勤　副主编

张　玮　肖光春　高立营　胡洋洋　参　编

黄传真　主　审

电子工业出版社

Publishing House of Electronics Industry

北京 · BEIJING

内 容 简 介

本书是普通高等教育机械类应用型人才及卓越工程师培养规划教材之一，主要包括机械工程概述、现代设计技术、先进制造工艺技术、先进制造自动化技术、机械工程技术的新发展、现代机械工程教育六部分内容。本书以高等学校机械工程类学生的专业素质教育需要为目的，主要面向大学一年级新生，系统介绍机械工程的相关基础知识、应用及最新前沿进展，引导学生正确认识专业，提高专业兴趣，促进学生主动学习。

本书可作为高等学校机械工程类学生的相关教材，也可供其他专业的学生和工程技术人员参考。

图书在版编目（CIP）数据

机械工程学科专业概论／许崇海主编. —北京：电子工业出版社，2015.1
普通高等教育机械类应用型人才及卓越工程师培养规划教材
ISBN 978-7-121-25099-6

Ⅰ．①机…　Ⅱ．①许…　Ⅲ．①机械工程—高等学校—教材　Ⅳ．①TH

中国版本图书馆 CIP 数据核字（2014）第 290886 号

策划编辑：郭穗娟
责任编辑：陈韦凯　文字编辑：顾慧芳
印　　刷：北京虎彩文化传播有限公司
装　　订：北京虎彩文化传播有限公司
出版发行：电子工业出版社
　　　　　北京市海淀区万寿路 173 信箱　邮编：100036
开　　本：787×1 092　1/16　印张：12.25　字数：314 千字
版　　次：2015 年 1 月第 1 版
印　　次：2024 年 7 月第 15 次印刷
定　　价：39.80 元

凡所购买电子工业出版社图书有缺损问题，请向购买书店调换。若书店售缺，请与本社发行部联系，联系及邮购电话：(010) 88254888。

质量投诉请发邮件至 zlts@ phei. com. cn，盗版侵权举报请发邮件至 dbqq@ phei. com. cn。

服务热线：(010) 88258888。

前　　言

2010 年 6 月启动的"卓越工程师教育培养计划"是教育部贯彻教育规划纲要精神率先启动的一项重大改革计划，主要目标是培养造就一大批创新能力强、适应经济社会发展需要的高质量各类型工程技术人才。2014 年，教育部又明确提出了关于地方本科高校转型发展的指导意见，着力培养应用型人才。本书正是在这样的背景下，为适应卓越工程师和应用型人才培养需要而编写的。

本书是一门"导论类"课程，也是一门专业基础课，是机械类专业学生认识机械工程学科、培养工程素质的必修课。本书以高等学校机械工程类学生的专业素质教育需要为目的，主要面向大学一年级新生，系统地介绍机械工程的相关基础知识、应用及最新前沿进展，引导学生正确认识机械工程类专业，提高其专业兴趣，促进其主动学习。

本书主要内容包括机械工程概述、现代设计技术、先进制造工艺技术、先进制造自动化技术、机械工程技术的新发展、现代机械工程教育六大部分，不仅包含机械工程发展史等概述性内容，也包含机械工程教育知识体系、学生能力结构与培养，同时还拓展了国外机械工程教育简介。本书的重点是通过对现代设计、先进制造工艺、先进制造自动化等技术的介绍，使学生了解现代机械工程技术的发展概况，明确专业定位与培养目标。在此基础上，进一步了解国内外机械工程技术的前沿进展（例如，增材制造与 3D 打印、纳米制造、生物制造、智能制造、"工业 4.0"战略等），培养学生的创新思维，使其视野开阔。为了进一步巩固学生所学知识，培养学生分析问题的能力，本书每章最后都附有思考题供学生练习。

参加本书编写的有齐鲁工业大学的王仁人（第 1 章）、沈敏德（第 2 章）、张玮（第 4 章）、许崇海（5.1 节、5.5 节）、肖光春（5.4 节）、高立营（5.3 节），营口理工学院的王静波（第 3 章），北京工业大学耿丹学院的许树勤（第 6 章），山东大学的胡洋洋（5.2 节）。全书由许崇海担任主编并负责统稿，山东大学黄传真教授负责主审。

在本书编写过程中，电子工业出版社给予了热情的帮助和指导。同时，本书在编写过程中参考并引用了有关教材和文献的资料和插图，在此一并表示谢意。本书由齐鲁工业大学教材建设基金资助出版。

尽管编者为本书的编写付出了很多努力，但仍会存在一些疏漏和不足之处，恳请广大读者批评指正。

编者

2014 年 11 月

目　　录

第 1 章　机械工程概述

机械工程是众多工程学科中应用范围最广的一个学科。从宏观角度来看，我们生活中所接触的每一件物件，都可以说与机械工程有关。

1.1　机 械 与 机 械 工 程

1.1.1　机械概念与来源

机械始于工具，工具即是简单的机械。人类最初制造的工具是石器，如石刀、石斧、石锤等。随着时代发展和社会进步，人类依靠自己的智慧使工具在种类、材料、工艺、性能等方面不断丰富、完善并日趋复杂，现代各种精密复杂的机械都是从古代简单的工具逐步发展而来的。

20 世纪后，机械（machine）是指机器与机构的总称，machine 源自于希腊语词 mēchanē 及拉丁语词 machina，原指"巧妙的设计"。它的定义最早来自机械工程学，是人为的实物构件的组合，主要是利用能量达到某一特定的目的，机械中一般会有可以移动的物体（可动件）。广义的机械是利用能量达到某一特定目的的装置或设备，不一定符合上述的定义，例如肌肉中的分子马达肌球蛋白并不满足人为实物构件的定义；电机机械包括马达、发电机及变压器等（变压器中就没有可动件）。

西方最早的"机械"定义可以追溯到古罗马时期。古罗马建筑师维特鲁威（Vitruvii）在其著作《建筑十书》中给定了一般性的机械概念："机械是把木材结合起来的装置，主要对于搬运重物发挥效力"。

最早在 1 世纪古希腊学者希罗就讨论了机械的基本要素，他认为机械的要素有五类：轮与轴、杠杆、楔及螺旋，并且描述其润滑及使用方式。他的论述反映了西方古典机械的特征，至今仍有意义。不过古希腊时代对机械的了解仅限于简单机械的静力学及力平衡，未曾包括机械动力学及功的概念。

1724 年德国莱比锡机械师廖波尔特（Leopold）给出的定义为"机械或工具是一种人造的设备，用它来产生有利的运动；同时在不能用其他方法节省时间和力量的地方，它能做到节省，使其一个构件运动，其余构件将发生一定的运动。"

1841 年英国机械学家威利斯（R. Willis）在其《机构学原理》所给的定义是"任何机械都是由用各种不同方式连接起来的一组构件组成，使其一个构件运动，其余构件将发生一定的运动，这些构件与最初运动之构件的相对运动关系取决于它们之间的连接性质。"

1875 年德国机械学家勒洛（F. Reuleaux）在其《理论运动学》中的定义为"机械是多个具有抵抗力之物体的组合体，其配置方式使得能够借助它们强迫自然界的机械力做功，同时伴随着一定的确定运动。"

在古代中国，"机械"一词由"机"与"械"两个汉字组成。"机"原指局部的关键机件；"械"原指某一整体器械或器具。这两字连在一起，组成"机械"一词，便构成古代一般性的机械概念。关于机械的最早定义，可见于《庄子·外篇·天地》记载。文中孔子的学生子贡在向老人介绍桔槔及其结构时（见图1-1），子贡曰："有械于此，一日浸百畦，用力甚寡而见功多"。这段子贡与老人的对话给出了机械的概念界定：能使人"用力甚寡而见功多"。

图1-1　古代的桔槔（俗称"吊杆"或"称杆"，是一种原始的汲水工具）

《韩非子》卷十五《难》二中有类似的论述："审于地形、舟车、机械之利，用力少，致功大，则入多。"故此中国最迟在战国时期已形成了与现代机械工程学之"机械"涵义较相近的概念。

我国古代有许多机械发明，为社会发展进步做出了卓越的贡献。最典型的古代机械有桔槔、翻车、筒车等提水机械；指南车、计里鼓车（见图1-2）等交通机械；浑仪（见图1-3）、简仪、地动仪、铜壶滴漏等天文、观测和计时机械；缫车、纺车等纺织机械；弓、弩、发石机等军事机械。

图1-2　汉代的计里鼓车

图1-3　汉代的浑仪

鉴于机械对生产与社会发展的重要作用，历代思想家都对它有过不同的思考。

《庄子》中说："有机械者必有机事，有机事者必有机心。机心存于胸中，则纯白不备"。这句可能是"机械"一词最早出现于古籍中的话，颇令"机械"有些尴尬。其哲学含义虽然可以理解，但是"机械"却逐渐背上了一个"机巧、巧诈"的恶名。以至于后来封建统治者将其发挥，视大量机械发明为奇技淫巧，严重阻碍了机械科学的发展，否则我们就不会有看不到诸如"木牛流马"之类伟大机械的遗憾了。

现今，为了满足各方面的需求，人类期望能够把在追求手足延长的同时，得到一种"有头脑"的手足的延长，或者在潜意识中把头脑的延长也列为机器的任务。传统上关于机械仅仅是由机械结构构成的概念已经陈旧。

（1）由于各种器件的微小化和相互嵌入，相关学科研究领域的相互影响和渗透，严格划分几乎已经不可能，如微型光学电子机械系统（MOEMS）。

（2）在市场需求的驱动下，机械的品种、结构、材料、用途以及相关理论及实现方法正在日新月异地变化和发展。例如，家庭生活用各种机器：电视机、机器宠物、数码相机、CT扫描机、汽车；各种办公机器：打印机、扫描机、碎纸机、复印机等；以及各种现代化战争机器等。

1.1.2 机械的特征及分类

机械作为现代社会进行生产和服务的五大要素（人、资金、能量、材料和机械）之一，具有相当重要的基础地位。

生活中接触的各种物理装置，如电灯、电话、电视机、冰箱、电梯等都包含有机器的成分，或者包含在广义的机械之中，各种机床、自动化装备、飞机、轮船、航天装置等都缺不了机械。

1. 机械的特征

传统机械的三大特征：

（1）机械是一种人为的实物构件的组合；

（2）机械各部分之间具有确定的相对运动；

（3）能代替人类的劳动，以完成有用的机械功或转换机械能。

然而，随着现代社会的高速发展，现代机械又增加了三个新的特征。

（1）机械应当是一种"有头脑"的手足的延长。如磁浮系统、电控汽油喷射汽车。图1-4所示为磁悬浮列车，图1-5所示为高灵敏度的自动机械手，可代替人工进行危险的操作。

（2）机械不但要处理物质和能量，而且要处理信息。大量的一代又一代新的机械产品都是为了处理信息而不是为了处理物质和能量而设计开发的。

（3）机械将具有更强的智能。所谓智能是指学习、记忆、思维、认识客观事物和解决实际问题的能力。其核心是思维能力，即处理信息和应用信息的能力。

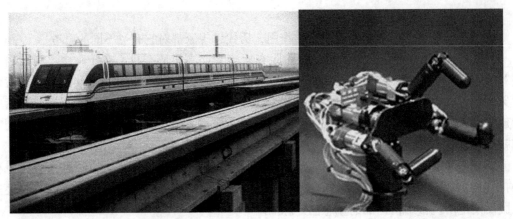

图 1-4　磁悬浮列车　　　　图 1-5　高灵敏度的自动机械手

2. 机械的分类

机械拥有一个非常庞大的家族，内容广泛，种类繁多，其分类方式也多种多样。

机械科学可分为机械学和机械工程。其中，机械学是机械科学中的基础理论部分，而机械工程则是机械科学中的应用技术部分。这里我们仅对机械工程作简要论述。

所谓机械工程就是以有关的自然科学和技术科学为理论基础，结合在生产实践中积累的技术经验，研究和解决在开发设计、制造、安装、使用和修理各种机械中的理论和实际问题的一门应用学科。

各个工程领域都要求机械工程有与之相适应的发展，都需要机械工程提供所必需的机械。某些机械的发明和完善，会导致新工程技术和新产业的出现和发展。例如大型动力机械的制造成功，促成了电力系统的建立；机车的发明导致了铁路工程和铁路事业的兴起；内燃机、燃气轮机、火箭发动机等的发明和进步，以及飞机和航天器的研制成功导致了航空、航天事业的兴起等。

机械工程的服务领域具有多面性，凡是使用机械、工具以及能源、材料生产的部门，都需要机械工程的服务。概括说来，现代机械工程有五大服务领域：研制和提供能量转换机械，研制和提供用以生产各种产品的机械，研制和提供从事各种服务的机械，研制和提供家庭和个人生活中应用的机械，研制和提供各种机械武器。但是，不论服务于哪一领域，它的主要工作内容都包括以下几方面。

（1）建立和发展机械工程的理论基础。例如，研究力和运动的工程力学和流体力学；研究金属和非金属材料的性能及其应用的工程材料学；研究热能的产生、传导和转换的热力学；研究各类有独立功能的机械元件的工作原理、结构、设计和计算的机械原理和机械设计学；研究金属和非金属的成形和切削加工的金属工艺学和非金属工艺学等。

（2）研究、设计和发展新的机械产品。不断改进现有机械产品和生产新一代机械产品，以适应当前和将来的需求。

（3）机械产品的生产，包括生产设施的规划和实现，生产计划的制订和调度，编制和贯彻制造工艺，设计和制造工具、模具，确定劳动定额和材料定额，组织加工、装配、试车和包装发运，对产品质量进行有效的控制。

（4）机械制造企业的经营和管理。现代机械一般是由许多具有独特的成形、加工过程的精密零件组装而成的复杂制品。生产批量有单件和小批量，也有中批量、大批量，直至大量生产。销售对象遍及全部产业和个人、家庭。而且销售量在社会经济状况的影响下，可能出现很大的波动。因此，机械制造企业的管理和经营特别复杂，企业的生产管理、规划和经营等的研究也多是始于机械工业。

（5）机械产品的应用。这方面包括选择、订购、验收、安装、调整、操作、维护、修理和改造各产业所使用的机械和成套机械装备，以保证机械产品在长期使用中的可靠性和经济性。

（6）研究机械产品在制造过程中，尤其是在使用中所产生的环境污染和自然资源过度耗费方面的问题及其处理措施。这是现代机械工程的一项特别重要的任务，而且其重要性与日俱增。

1.2　机械工程发展史

在许多研究机械工程史的著作中，都将机械工程发展史分为三个阶段：古代机械工程史、近代机械工程史、现代机械工程史。

1.2.1　古代机械工程史

人类成为"现代人"的标志是制造工具。石器时代的各种石斧、石锤和木质、皮质的简单粗糙的工具是后来出现的机械的先驱。从制造简单工具演进到制造由多个零件、部件组成的现代机械，经历了漫长的过程。

几千年前，人类已经创造了用于谷物脱壳和粉碎的臼和磨，用来提水的桔槔和辘轳，装有轮子的车，航行于江河的船及其桨、橹、舵等。所用的动力，从人自身的体力，发展到利用畜力、水力和风力。所用材料从天然的石、木、土、皮革，发展到人造材料。最早的人造材料是陶瓷。制造陶瓷器皿的陶车，已是具有动力、传动和工作三个部分的完整机械。

人类从石器时代进入青铜时代，再进而到铁器时代，用以吹旺炉火的鼓风器的发展起了重要作用。有足够强大的鼓风器，才能使冶金炉获得足够高的炉温，才能从矿石中提炼金属。在中国，公元前1000—前900年就已有了冶铸用的鼓风器，并渐渐从人力鼓风发展到畜力和水力鼓风。

早在公元前，中国已在指南车上应用了复杂的齿轮系统，在被中香炉中应用了能保持水平位置的十字转架等机件。古希腊已有圆柱齿轮、圆锥齿轮和蜗杆传动的记载。但是，关于齿轮传动瞬时速比与齿形的关系和齿形曲线的选择，直到17世纪后才有理论阐述。手摇把和踏板机构是曲柄连杆机构的先驱，在各文明古国都有悠久历史，而曲柄连杆机构的形式、运动和动力的确切分析和综合，则是近代机构学的成就。

1.2.2　近代机械工程史

十五六世纪以前，机械工程发展缓慢。但在近千年的实践中，人类在机械发展方面还是积累了相当多的经验和技术知识，这成为后来机械工程发展的重要动力。

1750—1900 年，机械工程在世界范围内出现了飞速的发展，并获得了广泛的应用。17 世纪以后，资本主义在英、法和西欧诸国出现，商品生产开始成为社会的中心问题。许多高才艺的机械匠师和有生产观念的知识分子致力于改进各产业所需的工作机械和研制新的动力机械——蒸汽机。18 世纪后期，蒸汽机的应用从采矿业推广到纺织、面粉、冶金等行业。制作机械的主要材料逐渐从木材改用更为坚韧，但难以用手工加工的金属。机械制造工业开始形成，并在几十年中成为一个重要产业。机械工程是促成 18—19 世纪的工业革命及资本主义机械大生产的主要技术因素。纺织机械、动力机械（蒸汽机、内燃机、汽轮机和水轮机）、生产机械和机械工程理论都获得了飞跃发展，如图 1-6 所示为工业革命时期的蒸汽机。

图 1-6 工业革命时期的蒸汽机

机械工程通过不断扩大的实践，从分散性的、主要依赖匠师个人才智和手艺的一种技艺，逐渐发展成为一门有理论指导的、系统的和独立的工程技术。1847 年，英国伯明翰成立了机械工程师学会，机械工程作为工程技术的一个分支得到了正式的承认。后来，世界其他国家也陆续成立了机械工程的行业组织。

研究机械中机构的结构和运动等的机构学作为一个专门学科，19 世纪初第一次列入高等工程学院（巴黎工艺学院）的课程。通过理论研究，人们能精确地分析各种机构，包括复杂空间连杆机构的运动，并进而按需要综合制造出新的机构。从 19 世纪后半期起已开始在设计计算时考虑材料的疲劳。随后断裂力学、实验应力分析、有限元法、数理统计、电子计算机等相继被用在设计计算中。

1. 动力机械的发展

动力是发展生产的重要因素。17 世纪后期，随着各种机械的改进和发展，随着煤和金属矿石的需求量的逐年增加，人们感到依靠人力和畜力不能将生产提高到一个新的阶段。在英国，纺织、磨粉等产业越来越多地将工场设在河边，利用水轮来驱动工作机械。但当时已有一定规模的煤矿、锡矿、铜矿矿井中的地下水，仍只能用大量畜力来提升和排除。

在这样的生产需求下，18 世纪初出现了纽科门大气式蒸汽机，用以驱动矿井排水泵。但是这种蒸汽机的燃料消耗率很高，基本上只应用于煤矿。

1765 年英国人瓦特发明了有分开的凝汽器的蒸汽机，降低了燃料消耗率。

1781 年瓦特又研制出提供回转动力的蒸汽机，扩大了蒸汽机的应用范围。蒸汽机的发明和发展，使矿业和工业生产、铁路和航运都得以机械动力化。蒸汽机几乎是 19 世纪唯一的动力源。但蒸汽机及其锅炉、凝汽器、冷却水系统等体积庞大、笨重，应用很不方便。19 世纪末，电力供应系统和电动机开始发展和推广。1873 年，电动机成为机床的动力，开始了电力取代蒸汽动力的时代。20 世纪初，电动机已在工业生产中取代了蒸汽机，成为驱动各种工作机械的基本动力。生产的机械化已离不开电气化，而电气化则通过机械化才对生产发挥作用。

发电站初期应用蒸汽机为原动机。20 世纪初期，出现了高效率、高转速、大功率的汽轮机，也出现了适应各种水力资源的大、小功率的水轮机，促进了电力供应系统的蓬勃发展。

19 世纪后期发明的内燃机经过逐年改进，成为轻而小、效率高、易于操纵、并可随时启动的原动机。它先被用以驱动没有电力供应的陆上工作机械，以后又用于汽车、移动机械（如拖拉机、挖掘机械等）和轮船，到 20 世纪中期开始用于铁路机车。蒸汽机在汽轮机和内燃机的排挤下，已不再是重要的动力机械。内燃机和以后发明的燃气涡轮发动机、喷气发动机，还是飞机、航天器等成功发展的基础技术之一。

2. 机械加工技术的发展

工业革命以前，机械大都是木结构的，由木工用手工制成。金属（主要是铜、铁）仅用以制造仪器、锁、钟表、泵和木结构机械上的小型零件。金属加工主要靠工匠的精工细作，以达到需要的精度。蒸汽机动力装置的推广，以及随之出现的矿山、冶金、轮船、机车等大型机械的发展，需要成形加工和切削加工的金属零件越来越多，越来越大，要求的精度也越来越高。应用的金属材料从铜、铁发展到以钢为主。机械加工包括铸造、锻压、钣金、焊接、热处理等技术及其装备，以及切削加工技术和车床、刀具、量具等，得到迅速发展，保证了各产业发展生产所需的机械装备的供应。

社会经济的发展，对机械产品的需求猛增。生产批量的增大和精密加工技术的进展，促进了大量生产方法（零件互换性生产、专业分工和协作、流水加工线和流水装配线等）的形成。

简单的互换性零件和专业分工协作生产，在古代就已出现。在机械工程中，互换性最早体现在莫兹利.H 于 1797 年利用其创造的螺纹车床所生产的螺栓和螺帽。同时期，美国工程师 E.惠特尼用互换性生产方法生产了火枪，显示了互换性的可行性和优越性。这种生产方法在美国逐渐推广，形成了所谓"美国生产方法"。

1.2.3 现代机械工程史

第二次世界大战前 40 年，机械工程继承了 19 世纪延续下来的传统技术，并不断改进、提高和扩大其应用范围。例如农业和采矿业的机械化程度有了显著提高；动力机械功率增大，效率进一步提高，内燃机的应用普及到几乎所有的移动机械。随着工作母机设计水平的提高及新型工具材料和机械式自动化技术的发展，机械制造工艺水平有了极大的提高。

1939—1945 年历时 6 年的第二次世界大战是一场非常典型的机械化战争：空中火力支援、依赖坦克集群高速大纵深突击、登陆与抗登陆作战、潜艇战与反潜战、航母编队作战、战略轰炸与防空作战、空降与反空降作战等，可以说"机械"发挥了主导作用。

第二次世界大战以后的 30 年间，除原有技术的改进和扩大应用外，机械工程与其他科技领域的结合和相互渗透明显加深，形成了机械工程的许多新分支。机械工程的领域空前扩大，发展速度加快。生产和科研工作的系统性、成套性、综合性大大增强。

从 20 世纪 60 年代开始，计算机逐渐在机械工业的科研、设计、生产及管理中普遍应用。过去机械工程中许多不便计算和分析的工作，已能用计算机加以科学地计算，为机械工程向更复杂、更精密的方向发展创造了条件。

进入 20 世纪 70 年代以后，机械工程与电工、电子、冶金、化学、物理等技术相结合，创造了许多新工艺、新材料和新产品，使机械产品的精密化、高效化和制造过程的自动化等达到了前所未有的水平。

到 20 世纪中后期，机械加工的主要特点是：不断提高机床的加工速度和精度，减少对手工技艺的依赖；发展少无切削加工工艺；提高成形加工、切削加工和装配的机械化和自动化程度。自动化从机械控制的自动化发展到电气控制的自动化和计算机程序控制的完全自动化，直至无人车间和无人工厂；利用数字控制机床、加工中心、成组技术等，发展柔性加工系统，使中小批量、多品种生产的生产效率提高到近于大量生产的水平；研究和改进难加工的新型金属和非金属材料的成形和切削加工技术。

1.3　机械工程发展趋势

机械工程学科以自然科学为基础，研究机械系统与制造过程的结构组成、能量传递与转换、构件与产品的几何与物理演变、系统与过程的调控、功能形成与运行可靠性等，并以此为基础构造机械与制造工程中共性和核心技术的基本原理和方法。机械工程是以增加生产、提高劳动生产率、提高生产的经济性为目的来研制和发展新机械产品的。现代机械工程创造出越来越精巧、越来越复杂的机械和机械设备装置，使过去的许多幻想成为现实。未来，为了应对资源环境的压力和全球竞争合作的要求，机械工程技术和制造产业都将会发生重大的变化。新产品的研制将以降低资源消耗，发展清洁再生资源，治理和减轻以至消除环境污染作为其目标任务。

近年来美国、日本、德国等都对机械工程技术的未来进行了预测，并制定了产业振兴战略和技术路线图。中国机械工程学会对未来 20 年中国机械工程技术的发展趋势进行了研究、预测与展望，制定了面向 2030 年中国机械工程技术的路线图。这个路线图对我国装备制造业包括产品设计、成形制造、智能制造、精密与微纳制造、仿生制造、再制造以及液压气动密封、轴承、齿轮、模具、刀具等 11 个领域的内容进行了研究，对未来 20 年的发展趋势进行预测。

以满足个性需求为宗旨的一场以大制造、全过程、多学科为特征的新的制造业革命展开。21 世纪知识经济新时代下制造业的趋势可概括为数字化、智能化、超常化、融合化、生态化、生命化和服务化。

1. 数字化

数字化就是指以数字计算机为工具，科学地处理机械制造信息的一种行为状态。当今时代是信息化时代，而信息的数字化也越来越为研究人员所重视。

若没有数字化技术，就没有当今的计算机，因为数字计算机的一切运算和功能都是用数字来完成的。数字、文字、图像、语音，包括虚拟现实和可视世界的各种信息，实际上通过采样定理都可以用 0 和 1 来表示，这样数字化以后的 0 和 1 就是各种信息最基本、最简单的表示。软件中的系统软件、工具软件、应用软件等，信号处理技术中的数字滤波、编码、加密、解压缩等都是基于数字化实现的。数字化技术还正在引发一场范围广泛的产品革命，各种家用电器设备、信息处理设备都将向数字化技术方向变化。有人把信息社会的经济说成是数字经济，这足以证明数字化对社会的影响是多么大。

我国在数字化制造技术和数字化制造装备方面具有一定的研究基础并取得了很大进展。近年来，我国政府启动了一批重大项目和重点项目，针对先进制造技术、重大装备等前沿领域开展专项研究，这些计划的实施为数字制造的研究奠定了较好的基础。

2. 智能化

在人类的整个进化过程中，以及每个人的成长过程中，脑和手是和平进化的。与此同时，人工智能和机械工程之间的关系近似于脑与手之间的关系，其区别仅在于人工智能的硬件还需要机械工程制造出来。过去各种机械都离不开人的操作与控制，所以其反应速度和操作精度受到人脑和神经系统的控制，而人工智能将会消除这个限制。计算机科学与人工智能之间相互促进，平行前进，将使机械工程在更高层次上有更为广阔的发展前景。人类现在已能上游天空和宇宙，下潜大洋深层，远窥百亿光年，近察细胞和分子。新兴的电子计算机硬、软件科学使人类开始有了加强并部分代替人脑的科技手段，这就是人工智能。这一新发现已经显示出巨大的影响，而在未来它还将会不断地创造出人们无法想象的奇迹。

20 世纪 50 年代诞生的数控技术，以及随后出现的机器人技术和计算机辅助设计技术，解决了制造产品多样化对柔性制造的要求；传感技术的发展和普及，为大量获取制造数据和信息提供了便捷的技术手段；人工智能技术的发展，为生产数据与信息的分析和处理提供了有效的方法。如果说绿色制造是资源环境能源的要求，那么智能制造应该说是新的技术起到了主要的推动作用。智能制造技术是研究制造活动中各种数据与信息的感知与分析，经验与知识的表示与学习，以及基于数据、信息、知识的智能决策以及执行的一类综合交叉技术。智能制造技术涵盖了产品全生命周期，包括设计、生产、管理和服务等环节。复杂、恶劣、危险、不确定的生产环境，熟练工人的短缺和劳动力成本的上升，呼唤着智能制造技术与智能制造产业的发展和应用。21 世纪将是智能制造技术获得大发展和广泛应用的时代，智能制造体系包括制造智能、智能制造装备、智能制造系统和智能制造服务。

在 21 世纪，基于知识的产品设计、制造和管理将成为知识经济的重要组成部分，是制造科学和技术最重要和最基本的特征之一。智能化正是在这一背景下提出并得到了学术界和工业界的广泛关注。智能制造是美国首先提出的，它的特征：在制造工业的各个环节以高度柔性和高度集成的方式，通过计算机和模拟人类专家的智能活动，进行分析、判断、推理、构思和决策，旨在取代或延伸制造环境中人的部分脑力劳动，并对人类专家的制造智能进行收集、存储、完善、共享、集成与发展。智能制造的目的：通过集成知识工程、制造软件系统、机器人视觉和机器人控制来对制造工人的技能与人类专家知识进行建模，以使智能机器能够在没有人干预的情况下进行小批量生产。智能制造技术的主要研究内容包括智能制造理论及系统设计技术，智能设计理论、方法及系统，智能机器人及智能机械，智能调度，智能加工，智能检测与控制等。

3. 超常化

制造业发展新的需求促成了各种超常态制造技术的诞生，例如航天运载工具所用的100万千瓦以上的超级动力设备、数百万吨级的石化设备等，这些设备具有极大尺寸、极为复杂的系统和功能，以及极强设备制造。微纳尺度的制造，例如微纳电子制造、微纳分子器件、量子器件、人工视网膜器件。在超常环境下的制造，例如在超常态强化情况下进行极高能量密度的激光、电子束、离子束等强能束的制造。此外，还有武器的可见光、红外夜视扫描系统、导弹智能炸弹的执行系统等。超高性能的产品制造，是指一些产品在超常环境下使用，制造技术也完全和常规的制造不同。超常工艺是指如制造超声传感器时使用的增量制造新工艺，用逐层添加材料的方法替代了长时间的侵蚀加工工艺。

微纳制造主要指微米纳米尺度的制造和宏观尺度构件的纳米或亚纳米精度的制造。我国关于微纳制造的研究起始于20世纪80年代后期。在超光滑表面制造方面实现了表面粗糙度小于0.1nm的表面制造；纳米压印方面成功制造出特征尺寸小于80nm的线路；在MEMS（Micro-Electro-Mechanical Systems）方面取得的进展包括微构件机械性能研究、微纳摩擦磨损及黏附行为研究、典型微流体器件输运特性研究、拓扑优化技术在微纳结构设计中的应用研究和微传热学的研究。

机械工程的精密化是沿着两个方向展开的，即从加工源头（毛坯）着力的精密成形技术和针对毛坯的精密、超精密加工技术。我国机械工程的精密加工制造技术发展很快，创新能力得到了提高，已经拥有一批具有自主知识产权的成果，主要包括轻金属精密成形制造技术，优质、高效精密成形制造技术，激光加工成形制造技术，高效精密加工制造技术，超精密加工技术等。

4. 融合化

随着科学技术的发展，学科的交叉和技术的融合越来越向深度和广度发展，融合可以表现为工艺的融合，比如车和铣复合加工。过去都是独立的车床、铣床，现在这种复合的加工机床和加工中心已经成为一个趋势。冷加工和热加工不同工艺融合在一个机器中，也成为一个发展方向，将出现更高性能的复合机床和全自动柔性自动生产线。金属材料直接快速成形正在逐渐转向工业应用，信息技术深度融入机械产品，将出现更高批次的数码产品和机械设备。信息技术深度融入制造过程，与新材料融合。先进的复合材料、新能源材料、先进陶瓷材料、高性能结构材料和智能材料等将在机械工业中获得广泛的应用，并将催生新的生产工艺。与生物技术的融合，模仿生物的组织、结构、功能和性能的生物制造，将给制造业带来革命性的变化。今后生物制造将由简单的结构和功能仿生，向结构、功能和性能耦合方向发展。文化的融合，知识与智慧，情感与道德因素将更多地融入产品设计，使汽车、医疗设备产品等功能大幅度扩展提升，更好地体现人文理念和为民生服务的特性。与文化融合最典型的例子就是苹果公司。

5. 生态化

机械工业在制造过程中是消耗钢材的大领域，而机械产品的使用过程则是消耗能源的大户。尤其是热加工工艺明显滞后，我国每吨铸造工艺的能耗比国际先进水平高 80%，每吨锻造工艺的能耗比国际先进水平高 70%，每吨工件热处理工艺能耗比国际先进水平高 47%。为了适应循环经济和制造业可持续发展的要求，绿色制造应运而生。绿色制造是指在保证产品的功能、质量、成本的前提下，综合考虑环境影响和资源效率的现代化制造模式，其目标是使得产品从设计、制造、包装、运输、使用到报废及回收处理的整个生命周期中不产生环境污染或环境污染最小化，资源利用率最高，能源消耗最低，最终实现企业经济效益与社会效益的协调优化。绿色制造包括产品的设计绿色化、材料的绿色化、制造工艺的绿色化、包装的绿色化以及处理回收的绿色化，其中再制造就包括在处理回收的绿色化这个板块里。生态化主要体现于绿色制造。总的来说，绿色制造涉及的领域包括三个部分：

① 制造和回收过程的清洁化问题，包括产品生命周期中正向和逆向的全过程；
② 使用中的环境影响问题；
③ 资源和能源问题。

6. 生命化

当前，生命化主要体现于生物制造。1998 年由美国国家科学研究委员会工程技术委员会、制造与工程设计院组建了 21 世纪制造业挑战展望委员会，其主席 J. Bollinger 博士在《2020 年制造业挑战的展望》提出了生物制造的概念，并将涉及生物技术的制造产业归纳为广义的生物制造：

（1）工程设计中仿生结构的应用；
（2）生物作用过程进行零件成形和装配；
（3）计算机记忆功能的生物型装置等。

我国很早就进入生物制造领域，短短几年间，就推出一批技术先进、应用前景甚好的研究成果，部分成果已进入产业化进程，主要包括人工假体的生物制造和人体器官的生物制造。

7. 服务化

长期以来我国机械工业在生产性制造导向下，将重点放在制造和装配，忽视了更具附加值的产品后端的服务技术发展。一些世界著名服务制造企业服务收入占销售收入的比率已经高达 50% 以上，未来 20 年将是我国机械工业由生产型制造向服务型制造转变的时期。服务型制造将成为一种新的产业业态，并将呈现三大转变：由于信息技术的发展和广泛应用，使得产品的售后服务、地域范围由局部扩展到全球；由于非接触传感技术以及远程信息传输和控制技术的发展，使原来只能离线进行的检测由离线转向在线；随着远程监测和故障诊断技术的成熟，使产品制造商可以提前向用户通报设备运行状况，并进行预防性维修，使服务从被动转为主动。

本章小结

本章在介绍机械概念与来源的基础上，重点介绍了机械的特征及分类。分古代机械工程史、近代机械工程史、现代机械工程史三个阶段，介绍了机械工程发展史，特别介绍了动力机械和机械加工技术的发展。最后，概括了当前机械工程发展趋势，即数字化、智能化、超常化、融合化、生态化、生命化和服务化。

习　题

1-1　什么是机械？机械的特征包括哪几个方面？

1-2　机械工程发展经历了哪几个阶段？各个阶段的特征是什么？

1-3　简要概述机械工程学科的发展趋势。

第2章 现代设计技术

2.1 概 述

2.1.1 机械产品的开发过程

机械工业是国民经济的基础产业，是创造社会物质财富的重要行业之一，它为社会生产和人民生活提供各种机械产品。通常将机械产品的制造分为狭义的制造和广义的制造，狭义的制造是指生产车间内与产品加工、装配有关的工艺过程；广义的制造是指将可用的资源（例如物质、能量、信息等）转化为可供人们利用或使用的产品的过程，它不仅指具体的工艺活动，还包括与产品形成相关联的市场调研、产品规划、产品设计、产品制造、销售服务及报废产品回收等一系列技术活动。我们将这样一个涵盖了产品全生命周期的广义制造称为产品开发。

图 2-1 描述了这样一个复杂的机械产品开发流程，这个流程中涉及的各种技术活动从学科划分的角度可归为三类：产品设计、产品制造和市场营销，它们涵盖了技术产品生命周期中三个相互关联的阶段。

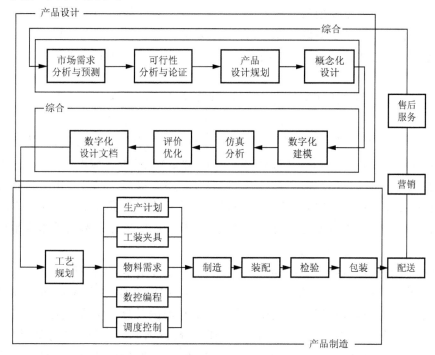

图 2-1 机械产品开发流程

首先，从机械产品的开发流程可以看出，产品设计是产品开发的首要步骤，其重要性不言而喻。其次，产品的创新很大程度上取决于设计阶段，产品在市场上是否具有竞争优势体现在产品的价值上，而构成产品价值的两个要素功能和价格主要取决于设计阶段。对一个新产品来讲，产品的成本和开发周期是决定这个设计成败的关键因素。国际上有一个著名的影子理论：产品设计开支虽然只占产品总成本的 5%，但它却影响产品整个成本的70%。还有一个著名的"28"原则：产品设计约占整个新产品开发周期的 20%，但它却决定了产品总成本的 80%。可以看出仅占产品成本 5% 的产品设计在很大程度上决定了整个产品的成本及质量。因此，只有高效的产品设计才能提高产品质量、降低成本、缩短产品投放市场的周期，从而使产品更好地满足用户的需求，取得市场竞争的优势。

2.1.2　现代设计的内涵

1. 设计与人类社会发展

人类的设计能力和物质产品的制造是紧密相关的。自从人类学会了劳动和制造工具，就有了设计。人类在漫长的进化过程中，不断提高着自己的劳动技能，也不断积累和丰富了自己的设计知识。这一切又大大地提高了社会生产力，更有力地推动着人类社会的进步。

各种设计制造技术的进步，推动了农业经济时代生产力的发展和人类社会需求及生产活动、生活方式的多样性和复杂性，从而促进了人类语言、文字和认知能力的发展。使人类不但发展进化了形象和直觉认识思维为主的右脑，而且发展进化了左脑的语言逻辑和抽象思维的能力。

现代设计制造技术不断地从物质科学、信息科学、管理科学乃至生命科学以及环境与生态科学汲取营养，不断更新设计理念和方法，引入以微电子、光电子集成系统以及计算机软件为基础的智能单元，经历了机械化、精密化、自动化、智能化和环境友善化的发展进程。

市场对产品需求的飞速增长，刺激了制造业的发展，制造业的发展又带动了机器制造技术的进步。从工业革命时代的珍妮纺纱机（1764 年）到锭子转速高达每分钟 12000 转的环锭纺纱机（1828 年）以及转速高达每分钟 60000 转的高速转子纺纱机，从飞梭（1733年）和卡特赖特发明的自动织机（1785 年）到现代喷水或喷气无梭织机，实现了纺织业的机械化和自动化，成千万倍地提高了效率，降低了成本，提高了品质；由于计算机程序控制和实时监控技术的应用，提高了纺织机械的智能化程度，并提高了小批量、多品种生产以及适应市场多样化需求的能力。与所有制造业一样，纺织机械制造的技术水平成为纺织产业竞争力的基础和关键因素之一。

从 1797 年莫兹利（Henry Mandsley）车床（如图 2-2 所示）的发明至今，机器制造过程经历了从手工—机械—自动化—NC—CNC—FMS—CIMS—GVM 的发展阶段。实现了从设计、制造到行销、服务和以计算机和数据通信为核心的信息、物流、工艺与管理的综合集成，当代的数控加工中心如图 2-3 所示。创造了精益制造、全球化虚拟制造等新概念；制造精度实现了从 $1/10$ mm 到 $1/1000$ mm 再到 1×10^6 mm 精确度的跨越；产品结构实现了从单纯机械结构—机械电子一体化—模块化硬件结构＋基于现场总线的计算机智能集成系统的转变；制造材料的选择，从木材、石料、金属材料发展到工程高分子材料、陶瓷及复合材料。

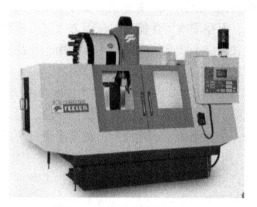

图 2-2 莫兹利制造的第一台螺纹切削车床　　　图 2-3 当代的数控加工中心

制造技术在科学发现与技术发明的基础上，制造并普及了电报、电话、收音机、电视机、摄像机、雷达、微波通信设备、蜂窝式移动电话、通信卫星、光缆和网络设备，制造和提供了个人计算机、服务器、超级计算机及 Internet 等，为信息社会提供了基础设施。

21 世纪产品设计将会充分利用超级宽带网、高性能计算机、多样化的高级应用软件，以及所积累的市场信息、法律规范、科技知识，同时利用创造性的设计理念与方法，采用平行协同设计和数字化虚拟现实设计等现代方法，实现综合优化创新设计，保证设计产品的先进性和竞争力。

2. 设计的历史演变

到目前为止，人类的设计史大致经历了不断演进的四个阶段。

1）直觉设计阶段

古代的设计是一种直觉设计。当时为了有效地从事生产、抵御野兽的侵害和其他部落的掠夺，人们发明了武器和各种劳动工具，例如弓箭、杠杆、辘轳、风车、水力机械等。这些产品的设计和制作往往是从自然现象中得到的启示，或是来自于人们的直觉。设计者多为具有丰富经验的手工艺人，他们之间没有信息交流。产品的制造只是根据制造者本人的经验或其头脑中的构思完成的，设计与制造无法分开。设计方案存在手工艺人头脑之中，无法记录表达，产品也是比较简单的。一项简单产品的问世往往需要经历很长的周期，这是一种自发的设计。直觉设计阶段在人类历史中经历了一段很长的时期，17 世纪以前基本都属于这一阶段。

2）经验设计阶段

随着生产的发展，产品逐渐复杂起来，对产品的需求量也开始增大，仅靠单个手工艺人的经验和力量已难以满足要求。出于相互协作交流的需要，开始出现了设计图，并开始根据图样组织生产，例如早在 1670 年就已经出现了有关大海船的图样。图样的出现，既可使具有丰富经验的手工艺人通过图样将其经验或构思记录下来，传于他人，便于用图样对产品进行分析、改进和提高，推动设计工作向前发展，还可满足更多的人同时参加同一产品的生产活动，满足社会对产品的需求及生产率的要求。自 17 世纪数学与力学结合以后，人们开始运用经验公式来解决设计中的一些问题，例如材料和结构件的应力和强度计算等。

这一阶段设计的特点是主要依靠个人的才能和经验，运用一些基本设计计算理论，借助类比、模拟和试凑等设计方法来进行的。一般来说，经验设计只能满足基本的功能要求，但在成本、性能和质量等方面都可能有较大的局限性。这一阶段的产品完善周期一般很长，一个产品从发明到实际应用，往往需要几十年甚至上百年的改进演变过程。

3）半理论半经验设计阶段

20世纪初以来，由于试验技术与测试手段的迅速发展和应用，人们把对产品采用局部试验、模拟试验等作为设计辅助手段。通过中间试验取得较可靠的数据，选择较合适的结构，从而缩短了试制周期，提高了设计可靠性。这个阶段称为半理论半经验设计阶段（又称为中间试验设计阶段）。在这个阶段中，由于加强了设计基础理论和各种专业机械产品设计机理的研究，从而为设计提供了数据、图表和手册等；由于加强了关键零部件的设计研究，大大提高了设计速度和成功率；由于加强了"三化"研究，即零件标准化、部件通用化、产品系列化，进一步提高了设计的速度和质量，降低了产品的成本。这样可以使设计减少盲目性，增加合理性。

与经验设计相比，本阶段设计的特点是大大减少了设计的盲目性，有效地提高了设计效率和质量，并降低了设计成本。至今，这种设计方法仍被广泛采用。之所以仍称为半理论半经验设计，主要出于如下理由：

（1）尚未将设计作为一门独立的学科来研究，而这个学科是客观存在的。

（2）在这个阶段中广泛采用的三段设计法（即编写设计任务书，技术设计，施工设计），划分较粗，每个阶段设计任务不明确，可操作性较差。因此，在产品设计方法上更多依赖于设计人员的设计经验。

（3）对设计中许多技术问题的处理多依赖于设计人员的设计经验，尚无创新开发的办法和综合优化的思想。因此，没有完全摆脱经验设计的局限，从而影响产品设计质量。

4）现代设计阶段

所谓现代设计这个概念在不同的学科领域其内涵是不一样的。在科学技术和经济领域，"现代"指工业化以后的两个历史时期。第一次现代化指两次世界大战期间，西方工业发达国家出现了以流水线为代表的工业高速发展时期，尤其是1920年代形成了以柏林为中心的科学艺术繁荣时代。第二次现代化指1950年代后期到1960年代后期西方的经济繁荣和美国式的消费时代。这两个时期被称为现代时代，又称为机器时代。在这几百年中西方国家一直信仰科学技术，追求物质和现代性，它的发展过程往往处在繁荣、危机、耗尽、创新的循环中。本书中的现代设计概念主要针对这一领域提出。

20世纪50年代后期到60年代初期，由于电子计算机日渐广泛应用、设计方法学和创造方法学的迅速发展以及科学技术的进步，使人们在掌握事物的客观规律与人的思维规律的同时，运用有关科学、技术原理进行复杂的，甚至此前认为不可能的计算和设计，从而使机电产品的设计工作发生了质的变化。大约于20世纪60年代末期，在机械产品设计领域中，国际上相继出现了一系列新兴学科分支，主要有设计方法学、优化设计、价值工程、计算机辅助设计（CAD）、可靠性设计、工业艺术造型设计、模块化设计、反求工程、有限元法、机械动态设计等；还有不少新的设计方法，例如相似性设计、系统化设计、人机工程学、模态设计、动态设计、疲劳设计等。发展到今天不少技术已日趋成熟，并得到广泛应用。我们可以把始于20世纪60年代末期的这一时期称为现代设计阶段。

3. 现代设计的内涵

现代设计是过去设计活动的延伸和发展。与传统设计相比，现代设计在设计指导思想、设计对象、设计方法和设计手段上都有着显著的特点和先进性。从设计指导思想来看，它由过去的经验、类比方法提高到逻辑的、理性的、系统的新设计方法；从设计对象上来看，它考虑了人、机、环境的相互协调，从而发挥产品的最大潜力或提高系统的有效性；从设计方法上来看，它广泛采用了CAD、优化设计、可靠性设计、工业艺术造型设计、创造性设计，使设计的水平有一个质的飞跃；从设计手段上来看，它充分采用电子计算机进行数值计算、自动绘图和数据库管理等。这样大大提高了设计的准确性、稳健性和设计效率，并且使修改设计十分方便。

此外，现代设计已不能仅仅考虑产品本身，还要考虑对系统和环境的影响；不仅要考虑技术领域，还要考虑经济和社会效益；不仅要考虑当前，还需考虑可持续发展。例如，汽车设计不仅要考虑汽车本身的有关技术问题，还需考虑使用者的安全、舒适、操作方便等。此外，还需考虑汽车的燃料供应和污染、车辆存放、道路发展等问题。总之，现代设计要求把自然科学、社会科学、人类工程学等各种科学知识综合运用于工程设计中。

2.1.3 现代设计技术

所谓现代设计技术是相对于传统设计而言的，是指以满足产品的质量、性能、时间、成本/价格综合效益最优为目的，以计算机辅助设计技术为主体，以多种科学方法及技术为手段，研究、改进、创造产品活动过程所用到的设计技术群体的总称。

现代设计技术可以分成两大类：一类是基础性的设计理论、理念和方法，例如结构设计（包括可制造性、可装配性、可维修性、可回用性等）、组合化系列化设计、可靠性设计、工业设计、绿色设计、评价与决策、价值工程等，它们对设计质量，进而对产品质量有着重大的、直接的影响，它们的应用并不以计算机和信息技术为先决条件。另一类称为设计自动化方法和技术，包括优化设计、有限元方法、计算机绘图、计算机仿真、专家系统等，其主要作用在于缩短设计周期、降低设计成本，同时更重要的是提高设计质量，但它们的应用必须以计算机和信息技术为先决条件，人们通常把这类设计技术统称为数字化设计技术。

必须说明的是，上述各种现代设计技术的应用必须建立在专业机械设计理论的基础之上。各产业部门所采用的机电产品具有不同的工作原理和特性，以实现不同的功能。因此各种专业机械的设计，特别是整机和整个生产系统的成套设备设计，必须依附于各有关专业的生产工艺和技术，从而出现了像农业机械、冶金矿山机械、纺织机械、机床、内燃机、汽轮机、汽车、船舶等门类繁多的专业机电产品设计分支学科。虽然如此，但它们还是包含着许多共性技术，例如设计进程，概念设计和结构设计的基本规律，驱动、传动、润滑和密封技术，通用的基础零部件和标准件，工程材料，以及对机电产品的工作可靠性、工艺性、标准化和模块化的要求等。

2.2 数字化设计

2.2.1 数字化设计的基本概念

以 "0" 和 "1" 为特征的信息称为数字化信息。

随着计算机和网络的普及，人类开始进入以数字化为特征的信息社会。在机械制造业，以计算机为基础、以数字化信息为特征、支持产品数字化开发的技术日益成熟，成为提升制造企业竞争力的有效工具。

数字化设计（Digital Design）、数字化制造（Digital Manufacturing）和数字化管理（Digital Management）是产品数字化开发的核心技术，如图2-4所示。

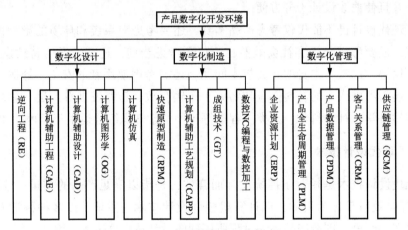

图 2-4 产品数字化开发技术

数字化设计是以新产品设计为目标，以计算机软硬件技术为基础，以数字化信息为手段，支持产品建模、分析、性能预测、优化及设计文档生成的相关技术。广义的数字化设计包含了图中数字化设计分支下面的所有技术，狭义的数字化设计主要指计算机图形学和计算机辅助设计。

2.2.2 工程数据的类型及其数字化处理方法

在产品的开发过程中，设计人员需要计算零部件的强度、刚度、稳定性以及寿命等性能特征，确定零部件的几何尺寸等，为此需要查阅和引用相关的工程手册、技术标准、设计规范以及各种经验数据等。在传统开发模式下，上述数据往往是以纸制形式提供的，设计人员在产品开发过程中需要人工查阅、筛选、引用相关的数据信息，并不断反复修改设计直至达到满意的设计结果。

在数字化设计与制造环境中，设计人员可以利用计算机、软件和数据库等技术对上述工程数据进行必要的加工和处理，使之成为软件系统可以调用的形式，以便于自动进行检索、查询和使用，从而极大地提高了产品开发的效率和质量。

对于工程手册、技术标准、设计规范以及经验数据中的工程数据，常用的表示方法有以下几种形式：

1. 数表

离散的列表数据称为数表。数表主要包括以下几种类型：

（1）具有理论或经验计算公式的数表。这类数表通常可以用一个或一组计算公式表示，在手册中以表格的形式出现，以便检索和使用。

（2）简单数表。这类数表中的数据仅表示某些独立的常量，数据之间互相独立，无明确的函数关系。根据表中数据与自变量的个数可以分为一维数表、二维数表和多维数表。一维数表是最简单的一种数表形式，它的特点是表中数据一一对应，如表2-1所示的带传动的弯曲影响系数。

二维数表需要由两个自变量来确定所表示的数据，如表2-2所示的齿轮传动的工况系数。在理论上，多维数表的维数可以超过三维，但在实际使用中以三维以内的数表居多。

表 2-1 带传动的弯曲影响系数 K_b

型别	O	A	B	C	D	E	F
K_b	0.293×10^{-3}	0.773×10^{-3}	1.99×10^{-3}	5.63×10^{-3}	20×10^{-3}	37.4×10^{-3}	96.1×10^{-3}

表 2-2 齿轮传动的工况系数 K_a

工作机械		原动机工作特性	
载荷特性	工作平稳	轻度冲击	中等冲击
工作平稳	1.00	1.25	1.50
中等冲击	1.25	1.50	1.75
较大冲击	1.75	≥2.00	≥2.25

（3）列表函数数表。这类数表中的数据通常是通过实验方式测得的一组离散数据，这些互相对应的数据之间常存在着某种函数关系，但是无法用明确的函数表达式进行描述。这类数表也可分为一维数表、二维数表和多维数表，如表2-3所示的带传动包角系数和表2-4所示的轴肩过渡圆角处的理论应力集中系数。

表 2-3 带传动包角系数 K_α

$\alpha/(\degree)$	90	100	110	120	130	140	150	160	170	180
K_α	0.68	0.73	0.78	0.82	0.86	0.89	0.92	0.95	0.98	1.00

表 2-4 轴肩过渡圆角处的理论应力集中系数 α

r/d	D/d									
	6.0	3.0	2.0	1.50	1.20	1.10	1.05	1.03	1.02	1.01
0.04	2.59	2.40	2.33	2.21	2.09	2.00	1.88	1.80	1.72	1.01
0.10	1.88	1.80	1.73	1.68	1.62	1.59	1.53	1.49	1.44	1.36
0.15	1.64	1.59	1.55	1.52	1.48	1.46	1.42	1.38	1.34	1.26
0.20	1.49	1.46	1.44	1.42	1.39	1.38	1.34	1.31	1.27	1.20
0.25	1.39	1.37	1.35	1.34	1.33	1.31	1.29	1.27	1.22	1.17
0.30	1.32	1.31	1.30	1.29	1.27	1.26	1.25	1.23	1.20	1.14

注：D—轴肩处大端直径，d—轴肩处小端直径，r—轴肩过渡圆角半径。

2. 线图

线图是工程数据的另一种表达方法，它具有直观、形象和生动等特点，线图还能反映数据的变化趋势。常用的线图形式有直线、折线或曲线等，可以表示设计参数之间的函数关系，在使用时直接在线图中查得所需的参数。线图主要包括两类：一类线图所表示的各参数之间原本存在较复杂的计算公式，但为了便于手工计算而将公式转换成线图，以供设计时查用，如图 2-5 所示的螺旋角系数；另一类线图所表示的各参数之间没有或不存在计算公式，如图 2-6 所示的齿形系数。

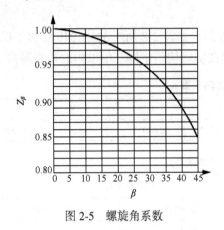

图 2-5　螺旋角系数

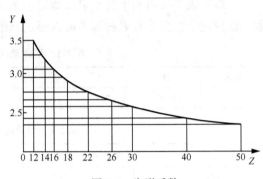

图 2-6　齿形系数

3. 工程数据的数字化处理方法

在数字化开发环境中，数表和线图等设计资料必须经过数字化处理并集成到软件系统中，以方便设计人员使用。对上述几种形式的工程数据，常用的处理方法如下。

1）程序化处理

将数表或线图以某种算法编制成查阅程序，由软件系统直接调用。这种处理方法的特点：工程数据直接编入查阅程序，通过调用程序可方便、直接地查取数据，但是数据无法共享，程序无法共用，数据更新时必须更新程序。

2）文件化处理

将数表和线图中的数据存储于独立的数据文件中，在使用时由查阅程序读取数据文件中的数据。这种处理方法将数据与程序分离，可以实现有限的数据共享。它的局限性在于：查阅程序必须符合数据文件的存储格式，即数据与程序仍存在依赖关系。此外，由于数据文件独立存储，安全性和保密性较差，数据必须通过专门的程序进行更新。

3）数据库处理

将数表及经离散化处理的线图数据存储于数据库中，数据表的格式与数表、线图的数据格式相同，且与软件系统无关，系统程序可直接访问数据库，数据更新方便，真正实现数据共享。

工程数据的数字化处理涉及很多方面的内容，下面仅就其中的数表和线图的程序化处理方法做一简要介绍。其他内容如数据文件、数据结构与数据库技术、曲线和曲面的表示、产品数据交换标准等相关知识会在后续课程中逐步介绍。

2.2.3 数表的程序化处理

1. 简单数表的程序化处理

简单数表中的数据多相互独立、一一对应，此类数据程序化处理的基本思想：以数组形式记录数表数据，数组下标与数表中各自变量的位置一一对应，在程序运行时输入自变量，通过循环查得该自变量对应的数组下标，即可在因变量数组中查到对应的数据。

1）一维数表程序

以表 2-1 所示的数表为例，在程序化处理时可以编制一个 C++函数，函数定义两个一维数组 type 和 Kb，分别记录"型别"数据和"K_b"数据，函数输入为数表自变量，查询的数表因变量即为函数的返回值，函数程序如下：

```cpp
double DataSearch_D (char in_type)
{
    char type[7]={'O','A','B','C','D','E','F'};
    double Kb[7]={0.293e-3,0.773e-3,1.99e-3,5.63e-3,20e-3,37.4e-3,96.1e-3};
    int i;
    for(i=0;i<7;i++)
        if(in_type= =type[i])
            Return Kb[i];
```

2）二维数表程序

二维数表需要两个自变量来确定所需查询的因变量数据。以表 2-2 为例，表中的工况系数 K_A 需要由"原动机工作特性"与"工作机载荷特性"共同确定。在进行程序处理时，需要定义一个二维数组记录表中工况系数 K_A 的值，以变量 i 和 j 分别表示"原动机工作特性"和"工作机载荷特性"，通过输入 i 和 j 即可查询到对应的 K_A 值，相应的 C++函数程序如下：

```cpp
float Datasearch_2D (int in_i,int in_j)
{
    float KA[3][3]={{1.00,1.25,1.50},{1.25,1.50,1.75},{1.75,2.00,2.25}};
    int i,j;
    for(i=0;i<3;i++)
        for(j=o;j<3:j++)
            if(in_i= =i && in_j= =j)
                return KA[i][j];
}
```

在处理多维数表时，可以先将其转换成几个一维或二维数表，再按上述程序化处理思路进行。

2. 列表函数数表的插值处理

列表函数数表与简单数表的区别在于：列表函数数表不仅需要查询与自变量对应的因变量数据，还需要查询各自变量节点区间内的对应值。为此需要采用插值（Interpolation）

方法。插值的基本思想：构造某个简单的近似函数作为列表函数的近似表达式，并以近似函数的值作为列表函数的近似值。常用的插值方法包括线性插值、抛物线插值和拉格朗日插值等。

1）线性插值

对于一维列表函数数表，过两个相邻数据节点 (x_i, y_j) 和 (x_{i+1}, y_{j+1}) 作一直线方程 $y = F(x)$ 代替原来的函数 $f(x)$，如图 2-7 所示。若插值点为 (x, y)，则由直线插值方程可得插值点函数值：$y = y_i + (y_{j+1} - y_j / x_{i+1} - x_i)(x - x_i)$

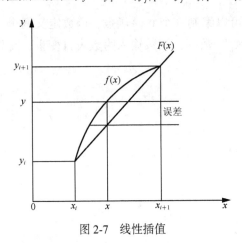

图 2-7　线性插值　　　　　　　图 2-8　二维线性插值

由图 2-7 可知，插值点 y 的值与实际值之间存在误差，误差的大小与插值点密度有关。当差值点密度足够小时，线性插值可以满足使用要求。

对于二维列表函数数表可采用拟线性插值方法，这是一种双变量插值函数的线性插值扩展，它的核心思想是在两个方向分别进行一次线性插值，如图 2-8 所示。设 $f(x, y)$ 为二维列表函数数表原来的位置函数，x_i，x_{i+1}，y_j，y_{j+1} 为二维列表函数数表中的四个数据节点，$Q_{i,j}$，$Q_{i+1,j}$，$Q_{i,j+1}$，$Q_{i+1,j+1}$ 分别为四个数据节点对应的函数值，即 $Q_{i,j} = f(x_i, y_j)$，$Q_{i+1,j} = f(x_{i+1}, y_j)$，$Q_{i,j+1} = f(x_i, y_{j+1})$，$Q_{i+1,j+1} = f(x_{i+1}, y_{j+1})$。

若 x，y 为插值点，则其函数值可由 x 方向与 y 方向的线性插值组合求得。首先在 x 方向进行线性插值，得

$$R_j = f(x, y_j) = [(x_{i+1} - x)/(x_{i+1} - x_i)]Q_{i,j} + [(x - x_i)/(x_{i+1} - x_i)]Q_{i+1,j}$$
$$R_{j+1} = f(x, y_{j+1}) = [(x_{i+1} - x)/(x_{i+1} - x_i)]Q_{i,j+1} + [(x - x_i)/(x_{i+1} - x_i)]Q_{i+1,j+1}$$

然后在 y 方向进行线性插值，得

$$P = f(x, y) = [(y_{j+1} - y)/(y_{j+1} - y_j)]R_j + [(y - y_j)/(y_{j+1} - y_j)]R_{j+1}$$

2）抛物线插值

在列表函数数表中选取三个点 (x_{i-1}, y_{j-1})、(x_i, y_j)、(x_{i+1}, y_{j+1})，过三点作抛物线方程 $y = F(x)$ 代替原来的函数 $f(x)$，如图 2-9 所示。若插值点为 (x, y)，则由抛物线方程可得插值点函数值：

$$y = \{(x - x_i)(x - x_{i+1})/(x_{i-1} - x_i)(x_{i-1} - x_{i+1})\}y_{j-1} + \{(x - x_{i-1})(x - x_{i+1})/(x_i - x_{i-1})(x_i - x_{i+1})\}y_j + \{(x - x_{i-1})(x - x_i)/(x_{i+1} - x_{i-1})(x_{i+1} - x_i)\}y_{j+1}$$

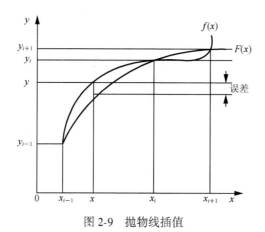

图 2-9　抛物线插值

抛物线插值的精度取决于构造抛物线方程的三个数据点，若插值点 x 在 x_i 附近，则当 $x<x_i$ 时，选取 x_{i-2}、x_{i-1}、x_i 三个点；当 $x>x_i$ 时，选取 x_{i-1}、x_i、x_{i+1} 三个点。一般地，抛物线插值的精度比线性插值要高。

2.2.4　线图的程序化处理

以直线或曲线表示的线图通常存在一定的函数关系。对已知有计算公式的线图，可直接将计算公式编入程序，这是最简便、最精确的处理方法，而对没有计算公式或找不到计算公式的线图，则无法直接进行程序化处理，必须对线图进行相应处理。常用的线图程序化处理方法如下。

1. 线图的表格化处理

在线图的横坐标上取一系列离散点，对应得到线图上的函数值，由此可将线图离散成一个数表，然后按列表函数数表的插值方法进行处理。

在对线图进行数表化处理时，各离散点的选取与线图处理的精度有很大关系，通常要求相邻离散点的函数值之差要足够小。

2. 线图的公式化处理

将线图转换成数表的方法较为烦琐，处理线图的理想方法是将线图转换为公式，若是直线线图，则直接将其转化为线性方程，由此可直接求得其函数值；若是曲线线图，则采用曲线拟合的方法求出线图曲线的经验公式，曲线拟合的基本思想是根据线图曲线的变化趋势和所要求的拟合精度，构造一个拟合函数 $y = f(x)$ 作为线图曲线函数的近似表达式，$f(x)$ 并不严格通过线图曲线各节点，而是尽可能反映线图曲线的变化趋势，曲线拟合如图 2-10 所示。

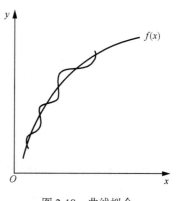

图 2-10　曲线拟合

曲线拟合有多种方法，其中最常用的是最小二乘法。它的基本思想：构造一个拟合函数 $f(x)$，根据线图上各个节点 $x_i(i = 1, 2, \cdots, n)$ 对应求出各拟合函数值 $f(x_i)$ 和线图实

际函数值 y_i，则各节点的拟合值与实际值的偏差为 $e_i = f(x_i) - y_i$，要求各节点的偏差平方和最小。拟合函数的类型可以是线性函数、对数函数、指数函数、代数多项式等。下面以代数多项式为例说明最小二乘法的拟合过程。设拟合公式为

$$y = f(x) = a_0 + a_1 x + a_2 x^2 + \cdots + a_m x^m = \sum_{j=0}^{m} a_j x^j$$

对于已知的 n 个节点 (x_1, y_1)，(x_2, y_2)，$\cdots$，$(x_n, y_n)(n \gg m)$，各节点拟合值与实际值的偏差平方和为

$$\sum_{i=1}^{n} e_i^2 = \sum_{i=0}^{n} [f(x_i) - y_i]^2 = \sum_{i=0}^{n} [(a_0 + a_1 x_i + a_2 x_i^2 + \cdots + a_m x_i^m) - y_i]^2$$
$$= F(a_0, a_1, \cdots, a_m) \tag{1-1}$$

由式（1-1）可见，各节点偏差平方和是关于拟合函数各系数 $(a_0, a_1, \cdots, a_m)$ 的函数。若要使其最小，则可对各系数求其偏导并使之等于零，即

$$\frac{\partial \sum_{i=1}^{n} [(a_0 + a_1 x_i + a_2 x_i^2 + \cdots + a_m x_i^m) - y_i]^2}{\partial a_j} = 0 \tag{1-2}$$

对式（1-2）求各项的偏导并整理后得

$$\begin{cases} \dfrac{\partial F}{\partial a_0} = 2 \sum_{i=1}^{n} (a_0 + a_1 x_i + a_2 x_i^2 + \cdots + a_m x_i^m - y_i) = 0 \\[2mm] \dfrac{\partial F}{\partial a_1} = 2 \sum_{i=1}^{n} (a_0 + a_1 x_i + a_2 x_i^2 + \cdots + a_m x_i^m - y_i) x_i = 0 \\[2mm] \quad\quad\quad\quad\quad\quad \vdots \\[2mm] \dfrac{\partial F}{\partial a_0} = 2 \sum_{i=1}^{n} (a_0 + a_1 x_i + a_2 x_i^2 + \cdots + a_m x_i^m - y_i) x_i^m = 0 \end{cases}$$

化简后得

$$\begin{cases} n a_0 + a_1 \sum_{i=1}^{n} x_i + a_2 \sum_{i=1}^{n} x_i^2 + \cdots + a_m \sum_{i=1}^{n} x_i^m = \sum_{i=1}^{n} y_i \\[2mm] a_0 \sum_{i=1}^{n} x_i + a_1 \sum_{i=1}^{n} x_i^2 + \cdots + a_m \sum_{i=1}^{n} x_i^{m+1} = \sum_{i=1}^{n} x_i y_i \\[2mm] \quad\quad\quad\quad\quad\quad \vdots \\[2mm] a_0 \sum_{i=1}^{n} x_i^m + a_1 \sum_{i=1}^{n} x_i^{m+1} + \cdots + a_m \sum_{i=1}^{n} x_i^{2m} = \sum_{i=1}^{n} x_i^m y_i \end{cases}$$

求解上述方程组，可求得拟合方程系数 $(a_0, a_1, \cdots, a_m)$，带入拟合方程 $f(x)$，可得到最小二乘法的拟合公式，通过编程可以求得线图曲线上相应的函数值。

采用最小二乘法多项式拟合时，应注意以下问题。

① 多项式的幂次太高会造成求解困难，实际应用时通常先采用低幂次进行拟合，若误差较大时再提高幂次。

② 当一个多项式无法全部表达一条线图曲线或一组数据时，可在拐点或转折处进行分段处理。

③ 在拟合区间内采集更多的点有利于提高拟合精度。

2.2.5 产品数字化建模简介

产品造型（Modeling）也称为产品建模，它研究如何以数学方法在计算机中表达物体的形状、属性及其相互关系，以及如何在计算机中模拟模型的特定状态。产品造型是数字化设计技术的核心内容。以产品模型信息为基础，可以进行运动学和动力学分析、干涉检查以及生成数控加工程序等。因此产品造型技术在很大程度上决定了数字化设计技术的水平。产品造型技术的研究始于 20 世纪 60 年代。产品造型技术大致经历了三个发展阶段：

（1）20 世纪 60 年代，主要研究线框造型技术；

（2）20 世纪 70 年代，重点研究自由曲面造型和实体造型技术；

（3）20 世纪 80 年代以后，研究重点为参数化造型、变量化造型和特征造型技术等。

线框模型以直线和曲线描述三维形体的边界组成，并定义线框模型空间顶点的坐标信息、边的信息以及顶点与边的连接关系。自由曲面造型研究曲面的表示、求交以及显示等问题，主要针对汽车、飞机、船舶等复杂表面的设计与制造。实体造型主要研究如何以形状简单、规则的基本体素（如正方形、圆柱、圆锥等）为基础，通过并、差、交等集合运算以构成复杂形状的物体。曲面造型和实体造型所依据的理论和方法不大相同，早期两种建模方法曾相互独立、平行发展。20 世纪 80 年代后期，非均匀有理 B 样条（NURBS）技术的出现，使人们可以采用统一的数学表达形式表示基本体素的二次解析曲面以及自由曲面。于是，实体模型中也开始采用自由曲面造型技术，从而使实体造型技术和曲面造型技术得到统一。

参数化造型采用几何拓扑和尺寸约束来定义产品模型，使人们可以动态地修改模型。特征造型则是以实体造型为基础，采用具有一定设计意义或加工意义的特征作为造型的基本单元来建立零部件的几何模型。人们将参数化造型的思想应用到特征造型中，使产品的特征参数化，就形成了参数化特征造型技术。

近年来，产品结构建模提供了统一、完整的产品信息，为信息共享创造了条件。产品结构建模是企业级的产品数字化模型，也是实现并行工程、虚拟产品开发和集成制造的信息源。

产品造型技术已广泛地应用于机械产品开发、艺术造型等领域。例如：产品设计时，用以反映物体外观、检查零件的装配关系、生成工程图样等；结构分析时，用以计算零件的质量、质心、转动惯量、表面积等物理参量；运动分析时，用于机械结构的动作规划、运动仿真以及零件之间的干涉检查等；数控加工时，以产品的几何模型为基础，规划数控加的刀具轨迹、完成数控加工仿真。此外，产品造型技术在多媒体、动画制作、仿真、计算机视觉、图形图像处理、机器人等领域也得到了广泛应用。

1. 几何形体在计算机中的表示

在计算机内部用一定结构的数据来描述、表示三维物体的几何形状及拓扑信息，称为形体在计算机内部的表示。它的实质是物体的几何造型（Geometry Modeling），目的是使计算机能够识别和处理对象，并为其他产品数字化开发模块提供原始信息。

1）几何信息和拓扑信息

三维实体造型需要考虑实体的几何信息及拓扑信息。其中，几何信息是指构成几何实体的各几何元素在欧氏空间中的位置与大小。我们知道，用数学表达式可以描述几何元素在空间中的位置及大小。表 2-5 给出了常见几何元素的数学表达式。

表 2-5 常见几何元素的数学表达式

几何类型	简单形式	齐次坐标表示形式
点	(x, y, z)	$\boldsymbol{V} = [\, x\ y\ z\ \omega\,]$
直线	$X = (y - y_0)/a = (z - z_0)/b$	$\boldsymbol{V} = [\, t\ l\,] \cdot \boldsymbol{L}$
平面	$A_x + B_y + C_z + d = 0$	$\boldsymbol{P} = [\, a\ b\ c\ d\,]^{\mathrm{T}}$ $\boldsymbol{V} \cdot \boldsymbol{P} = 0$

但是，数学表达式中的几何元素是无界的。实际应用时，需要把数学表达式和边界条件结合起来。拓扑信息只考虑构成几何实体的各几何元素的数目及其相互之间的连接关系。也就是说，拓扑关系允许三维实体作弹性运动、可以随意地伸张扭曲。因此，对于两个形状、大小不一样的实体，它们的拓扑关系却有可能等价。如图 2-11 所示的长方体和圆柱体，两者几何信息不同，但拓扑特性等价。

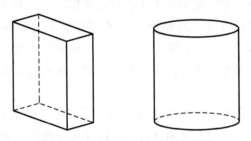

图 2-11 拓扑等价的两个几何实体

从拓扑信息的角度，顶点、边、面是构成模型的三种基本几何元素。从几何信息的角度，它们则分别对应于点、直线（或曲线）、平面（或曲面）。上述三种基本元素之间存在多种可能的连接关系。以平面构成的立方体为例，它的顶点、边和面的连接关系共有 9 种：面相邻性、面–顶点包含性、面–边包含性、顶点–面相邻性、顶点相邻性、顶点–边相邻性、边–面相邻件、边–顶点相邻性、边相邻性。

2）形体的定义及表示形式

任何复杂形体都是由基本几何元素构成的。几何造型就是通过对几何元素进行各种变换、处理以及集合运算，以生成所需几何模型的过程。因此，了解空间几何元素的定义有助于理解和掌握几何造型技术，也有助于熟悉不同软件提供的造型功能。

（1）点。点（Vertex）是零维几何元素，也是几何造型中最基本的几何元素，任何形体都可以用有序的点的集合来表示。利用计算机存储、管理、输出形体的实质就是对点集及其连接关系的处理。

点有不同的种类，例如端点、交点、切点、孤立点等。在形体定义中，一般不允许存在孤立点。在自由曲线及曲面中常用到三种类型的点，即控制点、型值点和插值点。控制点也称特征点，它用于确定曲线、曲面的位置和形状，但相应的曲线或曲面不一定经过控制点。型值点用于确定曲线、曲面的位置和形状，并且相应的曲线或曲面一定要经过型值点。插值点则是为了提高曲线和曲面的输出精度，或为了便于修改曲线和曲面的形状，而在型值点或控制点之间插入的一系列点。

（2）边。边（Edge）是一维几何元素，它是指两个相邻面或多个相邻面之间的交界。正则形体的一条边只能有两个相邻面，而非正则形体的一条边则可以有多个相邻面。边由两个端点界定，即边的起点及边的终点。直线边或曲线边都可以由它的端点定界，但曲线边通常是通过一系列的型值点或控制点来定义，并以显式或隐式方程式来表示。另外，边具有方向性，它的方向为由起点沿边指向终点。

（3）面。面（Face）是二维几何元素，它是形体表面一个有限、非零的区域。面的范围由一个外环和若干个内环界定，如图2-12所示。一个面可以没有内环，但必须有且只能有一个外环。面具有方向性，一般用面的外法矢方向作为面的正方向。外法矢方向通常由组成面的外环的有向棱边，并按右手法则确定。几何造型系统中，常见的面的形式有平面、二次曲面、柱面、直纹面、双三次参数曲面等。

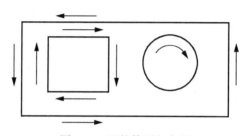

图 2-12　面的外环和内环

（4）环。环（Loop）是由有序、有向边（直线段或曲线段）组成的面的封闭边界。环中的边不能相交，相邻边共享一个端点。环有内外环之分，确定面的最大外边界的环称为外环，确定面中内孔或凸台边界的环称为内环。环也具有方向性，它的外环各边按逆时针方向排列，内环各边则按顺时针方向排列。

（5）体。体（Object）是由封闭表面围成的三维几何空间。通常，把具有维数一致的边界所定义的形体称为正则形体。如图2-13所示的几何体均为正则形体，如图2-14所示的几何体均为非正则形体。在图2-14（a）中存在悬边和悬面，它是维数不一致的形体；在图2-14（b）中在圆柱体中内接长方体；在图2-14（c）所示几何体中，中间的一条边具有多个邻面。

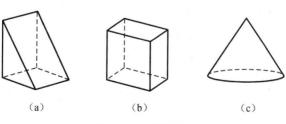

（a）　　　　　　　（b）　　　　　　　（c）

图 2-13　正则形体

 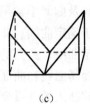

(a)　　　　　　　(b)　　　　　　　(c)

图 2-14　非正则形体

非正则形体的造型技术将线框、表面和实体造型统一起来，可以存取维数不一致的几何元素，并对维数不一致的几何元素进行求交分类，扩大了几何造型的应用范围。通常，几何造型系统都具有检查形体合法性的功能，并删除非正则实体。表 2-6 所列是正则形体与非正则形体的区别。

表 2-6　正则形体与非正则形体的区别

几何元素	正则形体	非正则形体
面	形体表面的一部分	可以是形体表面或形体内的一部分，也可以与形体分离
边	只有两个邻面	可以有一个邻面、多个邻面或没有邻面
点	至少和三个面（或三条边）邻接	可以与多个面（或边）邻接，也可以是聚积体、聚集面、聚积边或孤立点

（6）壳。壳（Shell）是由一组连续的面围成。其中，实体的边界称为外壳；若壳所包围的空间是空集，则为内壳。一个体至少由一个壳组成，也可能由多个壳组成。

2. 计算机图形学的基本概念

1）概述

计算机图形学（CG）是研究如何利用计算机生成、存储、处理、显示和管理图形的一门学科。计算机处理的图形不仅包括由绘图工具绘制的产品、工程的模型和图样，还包括客观世界中的景物、照片、图片、绘画及雕塑等。但是，这两种图形在计算机内部的描述方法并不相同。前者为矢量图形，后者为点阵图形。其中，矢量图形是由计算机记录图形的形状参数、颜色、线型等属性而形成的图形，而点阵图形是用点阵的充填来表示图形的，构成图形的点都具有一定的灰度和色彩。通常，将点阵图形称为图像，而将矢量图形简称为图形。计算机图形学主要是指对矢量图形的处理。

绘图是工业产品设计和制造中重要的技术手段之一。传统的手工绘图效率低、精度差，图形只能以纸张方式存在，不便于管理、检索、修改和保存。此外，在相似及相关设计时，相同部分难以直接利用，即使是稍有变动也需重新绘制全图。与手工绘图相比，计算机绘图出图速度快、作图精度高，还具有便于管理、检索、修改等优点。实际上，计算机绘图技术已经基本取代了手工绘图，成为人们从事产品开发的基本工具。总体上，计算机绘图软件应具备以下基本功能。

（1）图形输入功能。将各种图形数据及图形处理命令输入到计算机中，在计算机内建立物体模型。图形输入包括两种方式：

① 根据计算机图形系统提供的基本元素（例如点、线、面、体等），由用户交互地构

造所需要的模型，是目前图形输入的主要方式。

② 通过数码照相机、数码摄像机或扫描仪等输入设备获取物体的数字化信息，并经识别处理来构造出模型。第二种方式尤其适合于根据已有图样进行产品改型设计等场合。

（2）存储功能。存放图形数据以及图形数据之间的关系，根据需要对有关信息进行实时检索，完成图形的增加、删减、修改等工作。

（3）计算功能。分析、计算图形数据，进行各种几何变换和处理，例如曲线/曲面生成、裁剪、消隐等。

（4）显示和输出功能。通过显示器、绘图仪等图形输出设备，输出图形及计算结果。图形显示是研究如何逼真地将图形呈现在显示设备上，以满足观察者的需要。显示也是图形输出的一种形式。此外，打印、绘图以及将图形数据传递给其他数字化开发系统也是图形输出的研究内容。

（5）对话功能。使用户能与计算机进行信息交流，及时干预图形的处理过程。

2）坐标系统

几何物体具有一定的形状、大小和位置，计算机中几何元素的定义和图形的输入输出都是在一定坐标系下进行的。为便于用户理解和提高图形处理的效率，计算机图形学中提供了不同的坐标系。根据维度可以分为一维坐标系、二维坐标系、三维坐标系；根据坐标轴之间的空间关系可以分为直角坐标系、圆柱坐标系和球坐标系等。

笛卡儿三维直角坐标系最常用。按照 Z 轴方向的不同，笛卡儿坐标系分为右手坐标系和左手坐标系。右手坐标系：用右手扭住 Z 轴，大拇指指向 Z 轴的正方向，其余四指从 X 轴转向 Y 轴，如图 2-15（a）所示。左手坐标系：用左手握住 Z 轴，大拇指指向 Z 轴的正方向，其余四指同样从 X 轴转向 Y 轴，如图 2-15（b）所示。

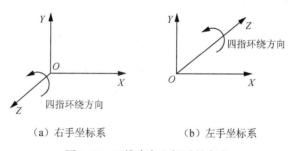

（a）右手坐标系　　　　　（b）左手坐标系

图 2-15　三维直角坐标系的定义

下面简要介绍常用坐标系的含义，各种图形坐标系及其相互关系如图 2-16 所示。

（1）世界坐标系（World Coordinate System，WCS）也称为全局坐标系（Global Coordinate System）或用户坐标系。它是右手三维直角坐标系，其原点位置任意，但坐标系方向不能改变。世界坐标系属于公共坐标系，是单个物体或某一场景中的所有图形对象定义和定位的统一参照系，用于定义用户整图或最高层图形结构。计算机图形系统中其他的坐标系都是参照世界坐标系进行定义的。

（2）建模坐标系（Modeling Coordinate System，MCS）也称为局部坐标系（Local Coordinate System）或主坐标系（Master Coordinate System）。它是为方便构造单个对象而定义的坐标系，属于右手三维直角坐标系。它独立于世界坐标系，其原点位置和坐标系方向可根据用户需要自由定义。为方便形体和图素的定义，每一个形体和图素都可以建立各自独立的建模坐标系。通过指定建模坐标系在世界坐标系中的位置，可以将属于局部的物体放入世界坐标系内。

（3）观察坐标系（Viewing Coordinate Systems，VCS）是左手三维直角坐标系，用于从观察者的角度对世界坐标系内的物体进行重新定位和描述。用户可根据图形显示的要求自由设定其位置和方向，以便获得所期望的观察视图。

（4）成像坐标系（Imaging Coordinate Systems，ICS）是一个二维坐标系，它定义在成像平面上。成像平面是在观察坐标系中的一个投影面，如图 2-16 中的 ICS 平面。通常，它的法向量 N 与 Z_v 重合，与 O_v 间的距离为 V_d，用户在此平面上定义观察窗口。仍以摄影为例，因为拍摄的对象最终保留在胶卷上，所以胶卷平面就是成像平面，该平面中的坐标系就是成像坐标系。成像坐标系定义了物体在成像面上的投影点，成像面通过指定成像面与视点之间的距离 V_d 来定义。

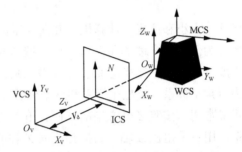

图 2-16　各种图形坐标系及其相互关系

（5）规格化设备坐标系（Normalizing Device Coordinate System，NDCS），也是左手三维直角坐标系。它用来定义视图区，范围从 0 到 1，使图形系统独立于可能使用的各种设备，同时又可转变成不同设备的坐标系。它是一个中间坐标系，以利于提高应用程序的可移植性。因此，使用图形软件的用户均以规格化设备坐标系在各图形输出设备上作图。从规格化设备坐标系到各图形输出设备的坐标系之间的映射由绘图软件自动实现。

（6）设备坐标系（Device Coordinate System，DCS）也称屏幕坐标系（screen coordinate system）。它是图形输出设备所使用的坐标系，一般采用左手三维直角坐标系。通常，设备坐标系也是定义像素（pixel）或位图（bitmap）的坐标系。每个图形设备均有自己的设备坐标系。对于具体的显示设备，在定义成像窗口的情况下，可进一步在设备坐标系中定义视口（view port），视口中的成像即为实际所观察到的图像。

上面介绍的坐标系均为三维坐标系，图 2-17 给出了常用坐标系之间的转换关系。为实现二维图形的输入、显示和输出，需要将三维图形转换为二维平面上的图形。

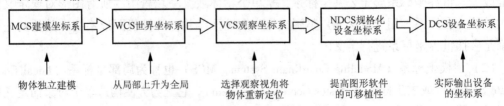

图 2-17　常用坐标系的转换关系

计算机图形生成和产品设计过程中涉及多个坐标系之间的转换。用户利用各种输入设备进行交互绘图的基本操作步骤如下。

① 在局部坐标系中建立物体的几何模型。

② 将单个物体进行组装，形成世界坐标系中的全局模型。

③ 确定观察点位置，设定观察坐标系的位置。

④ 确定显示范围，选择对象的可见区域。

⑤ 确定图形显示设备上的视区。

3）窗口与视口

（1）窗口。窗口（window）是用户在对象图形上选定的局部观察区域，以便更清晰地观察该部分的图形。窗口类似于照相机的取景器，通过窗口只能见到包含窗口以内的图形部分，窗口以外的部分不可见。但是，不可见的部分却并不因为不可见而不存在。

如图 2-18a 所示，窗口的大小和位置可以用世界坐标系上的四个顶点 $P_1(x_{W\min}, y_{W\min})$、$P_2(x_{W\min}, y_{W\max})$、$P_3(x_{W\max}, y_{W\max})$、$P_4(x_{W\max}, y_{W\min})$ 来表示。由四个顶点定义的矩形框内的图形可见，矩形框外的图形不可见。因此，窗口中的松树为可见部分，而窗口外侧的松树为不可见部分。

（2）视口。在图形设备上，用来复制窗口内容的矩形区域称为视口（view port）。视口与物理设备密切相关。例如，显示器屏幕和绘图仪幅面是用来表现图形的二维平面，视口则是该二维平面中的有限区域。视口也可以用四个顶点 $Q_1(x_{V\min}, y_{V\min})$、$Q_2(x_{V\min}, y_{V\max})$、$Q_3(x_{V\max}, y_{V\max})$、$Q_4(x_{V\max}, y_{V\min})$ 连成的矩形区域表示，如图 2-18（b）所示。

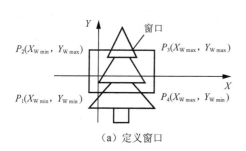
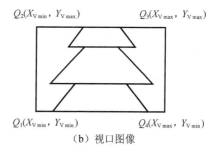

（a）定义窗口　　　　　　　　　　（b）视口图像

图 2-18　窗口与视口

在同一物理设备上可以定义多个视口，视口还可以嵌套。利用视口可以从不同角度、以不同比例分别显示图形，以满足不同的应用需求。例如，零件的主视图、侧视图和俯视图是同时显示在屏幕上的不同视口，使得设计者和用户能更好地理解零件形状。

（3）窗口、视口变换。窗口在世界坐标系中定义，视口在设备坐标系中定义，二者相互独立。多数情况下，窗口与视口的大小和单位都不相同，只有当所定义的视口大小与窗口大小相同，而且设备坐标的度量单位与世界坐标的度量单位也相同时，二者之间才为 1：1 的对应关系。为了把选定的窗口内容在视口上表现出来，即将窗口内某一点 $W(x_W, y_W)$ 画在视口的指定位置 $V(x_V, y_V)$ 下，必须进行窗、视变换。按照比例关系可以推导出窗口、视口变换的方程式：

$$\begin{cases} x_{V} = \dfrac{(x_{W} - x_{W\,min})(x_{V\,max} - x_{V\,min})}{x_{W\,max} - x_{W\,min}} + x_{V\,min} \\[3mm] y_{V} = \dfrac{(y_{W} - y_{W\,min})(y_{V\,max} - y_{V\,max})}{y_{W\,max} - y_{W\,min}} + y_{V\,min} \end{cases}$$

由上式可以得出如下结论：视口不变，窗口缩小或放大时，视口显示的图形会相应地放大或缩小；窗口不变，视口缩小或放大时，视口中显示的图形将相应地缩小或放大；视口的纵横比不等于窗口的纵横比时，视口中显示的图形将有伸缩变化；窗口与视口大小相同、坐标原点也相同时，视口中显示的图形不变。

适当地选用窗口和视口可以放大或缩小图形，显示图形特定的部分，以方便观察复杂或细小的对象，进行直观交互式设计、编辑和修改。与二维情况相似，三维窗口内的实体需经投影变换，变成二维图形，才可以从指定的视口输出。窗口可以嵌套，即在第一层窗口中定义第二层窗口，在第 i 层窗口中再定义第 $i+1$ 层窗口等。实际上，窗口的形状可以有各种样式，除矩形窗口外，还可以定义圆形窗口、多边形窗口等异形窗口。

计算机图形学的基础内容还包括图形变换、图形剪裁等，将在后续的计算机绘图课程中进行介绍。

3. 数字化造型技术

在计算机中建立产品的模型，要用到数字化造型技术。传统的数字化造型技术包括线框造型、曲面造型和实体造型，主要侧重于对产品几何要素的描述。而特征造型的对象是产品的功能要素，它直接体现了设计的意图，使产品的数字化设计工作在更高的层次上进行。参数化造型通过在模型中引入约束，使设计参数与约束之间建立一定关系，当改变设计参数时，原有的约束关系不变，就可以获得一个新的模型，从而使产品的变形设计变得非常容易。

下面介绍基础的线框造型技术。

在计算机绘图及数字化设计技术的发展初期，只有二维线框模型（Wire Frame Model），用户需要逐点、逐线地构造模型。二维线框造型的目标是用计算机代替手工绘图。随着计算机软硬件技术的发展和图形变换理论的成熟，基于三维线框模型的绘图系统发展迅速。但是，三维线框模型也仅由点、直线及曲线等组成。

实际上，三维物体可以用它的顶点以及边的集合来描述。因此，每个线框模型都包含两张表：一张为顶点表，它记录各顶点的坐标值；另一张为棱线表，它记录每条棱线所连接的两个顶点信息。图 2-19 给出了线框模型在计算机内存储的数据结构原理。

根据物体的三维线框数据模型，可以产生任意视图，且视图之间能够保持正确的投影关系，还可以生成任意视点或视向的透视图、轴测图。另外，线框模型操作较简单，对计算机的内存、显示器等软硬件要求较低。但是，线框模型也有很多缺点。例如：当对象形状复杂、棱线过多时，若显示所有棱线将会导致模型观察困难，则会引起理解错误；对于某些线框模型，人们很难判断对象的真实形状，会产生歧义，即"二义性"问题。图 2-20 所示的线框模型就具有"二义性"。

线框模型的数据结构中缺少拓扑信息，如边与面、面与体之间的关系信息等。因此，它无法识别面与体，无法形成实体，也不能区分体内与体外。同时，线框模型还存在不能

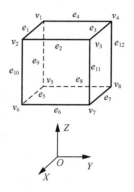

（a）线框模型

顶点		1	2	3	4	5	6	7	8
坐标值	x	0	1	1	0	0	1	1	0
	y	0	0	1	1	0	0	1	1
	z	1	1	1	1	0	0	0	0

（b）顶点表

棱线	1	2	3	4	5	6	7	8	9	10	11	12
顶点号	1	2	3	4	5	6	7	8	1	2	3	4
	2	3	4	1	6	7	8	5	5	6	7	8

（c）棱线表

图 2-19 线框模型的数据结构原理

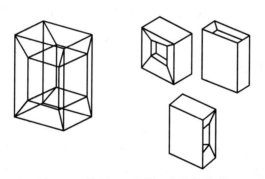

图 2-20 具有"二义性"的线框模型

消除隐藏线、不能作任意剖切、不能计算物性（如质量、体积）、不能进行面的求交、无法生成刀具轨迹、不能检查物体之间的干涉等缺点。一些绘图和设计软件具有建立边与面拓扑关系的功能，使线框模型具备消隐功能。

线框模型能满足特定的设计与制造需求，而且具有一定的优点。因此，很多数字化设计与制造软件仍将线框模型作为曲面模型与实体模型的基础，在造型过程中还经常使用。

4. 数字化装配技术

一般地，产品是由多个零部件装配而成的。为评价产品性能，需要在零件数字化模型的基础上，定义零部件之间的配合关系，在计算机中建立产品的完整几何模型及约束关系，这就是数字化装配技术。

传统的数字化设计软件是一种面向零件的造型技术，而不是面向装配。用户需要先设计零件，再以零件模型为基础进行装配，也称为自下而上的设计模式。自下而上设计的优点是：零部件设计相对独立，设计人员可以专注于某个零件的设计。但是，只有在装配时才能检验零件之间的配合是否合理、产品设计是否满足预期目标。

对于结构简单、无须过多考虑零部件之间的配合关系或只有很少设计人员参与的产品而言，自下而上的设计模式还能满足开发需求。但是，当产品装配结构复杂、设计人员众多且地域非常分散时，上述模式就存在很多缺点。在产品设计过程中，设计人员将需要花费相当多的时间来跟踪零件设计及装配状况、更改参数及工艺、修订产品设计、测试并反馈信息等，以确保零件之间的设计相互匹配。

为克服上述缺点，人们提出了自上而下的产品设计模式，即先建立装配体，再在装配体中进行零件的造型和编辑。这种模式的优点是：可以参考一个零部件的几何尺寸来生成或修改其他相关的零部件，从而确保零件之间存在准确的尺寸和装配关系；当被参考零件的尺寸发生改变时，相关联的零件尺寸会自动地发生改变，从而保证零件之间的配合关系不发生改变。因此，这种设计方法也称为关联设计。

20 世纪 90 年代，随着并行工程的发展，产生了产品结构模型（Product Structure Model）技术。产品结构模型采用统一的数字和图形模型，在计算机中全面地描述新产品，从概念设计、制造到装配等整个开发过程。它集成了零件、部件及装配的全部可用信息，形成一个电子化产品定义（Electronical Product Definition，EPD）。该模型可被所有相关的设计部门、组织管理部门、制造部门等所使用，即使上述部门在地域上是分散的。不同部门的人员可以根据自身的权限对同一产品的电子化模型进行并行设计、修改和验证工作。产品结构模型也构成了产品数据管理（PDM）的原始信息。

2.2.6 数字化设计软件简介

1. AutoCAD

AutoCAD（Auto Computer Aided Design）是美国 Autodesk 公司于 1982 年 12 月推出的通用计算机辅助绘图软件，到目前为止已经逐步发展成为集二维绘图、三维设计和通用数据库于一体的大型软件系统。AutoCAD 是国际上应用最为广泛的微机平台计算机辅助设计软件，其强大的功能和友好的用户界面受到广大工程设计人员的欢迎，目前已经广泛应用于机械、电子、化工、土木、造船、航空、服装等工程设计领域。

AutoCAD 的基本功能包括绘制与编辑图形、控制图形显示、绘图辅助工具、尺寸标注、数据库管理、图形输出与打印，以及支持网络协同设计等。AutoCAD 允许用户定制菜单和工具栏，并能利用内嵌语言 Autolisp、Visual Lisp、VBA、ADS、ARX 等进行二次开发，成为许多专业设计软件的开发平台。

2. SolidWorks

SolidWorks 是美国 Dassault Systemes 公司于 1995 年推出的基于 Windows 平台的实体建

模软件，于 1996 年开始进入中国市场。

SolidWorks 具有功能强大、操作简单、易学易用和持续的技术创新等特点，使之成为一款市场主流的中档三维 CAD 软件产品，在全球拥有数十万用户，2011 版 SolidWorks 软件界面如图 2-21 所示。

图 2-21　2011 版 SolidWorks 软件界面

SolidWorks 具有工程图、零件实体建模、曲面建模、装配设计、钣金设计、数据转换、特征识别、协同设计、高级渲染、标准件库等功能模块。除设计功能外，SolidWorks 实现了与有限元分析软件 CosmosWorks、动力学分析软件 WorkingModel、数控编程软件 CAMWorks、PDM 软件 SmarTeam/PDMWorks 等的紧密集成，成为集 CAD/CAE/CAM/PDM 等为一体的产品数字化开发与管理软件。

3. Pro/Engineer

1988 年，美国参数技术公司（PTC）推出 Pro/Engineer 产品。Pro/Engineer 率先采用参数化设计技术、利用单一数据库来解决设计的相关性问题。它建立在统一的数据库基础上，保证了设计过程具有完全相关性，对设计的任何修改都会自动反映到其他环节，保证了设计质量，提高了设计效率。Pro/Engineer 采用基于特征的实体建模方法，设计人员可以利用筋、槽、腔、壳、倒角、圆角等特征功能构建模型，并利用参数驱动特征，使得设计方案的修改和优化变得容易。

Pro/Engineer 集产品造型、设计、分析和制造为一体，提供众多而完整的产品模块，包括二维绘图、三维造型、装配、钣金、加工、模具、电缆布线、有限元分析、标准件和标准特征库、用户开发工具、项目管理等，用户可以按照需要灵活配置和选择使用。针对不同行业的应用需求，Pro/Engineer 提供了多种行业解决方案，如机械设计解决方案、工业设计解决方案、制造解决方案、Windchill 技术、企业信息管理解决方案等，2011 版 Pro/Engineer 软件界面如图 2-22 所示。

2002 年，PTC 推出了 Pro/Engineer 野火版（Wildlife）软件，在可用性、连通性和易用性等方面有很大改进，首次利用内部 Web 通信功能，实现不同区域和组织的研发人员以及用户之间的交流，是当时产品全生命周期管理（PLM）技术的前沿技术。Pro/Engineer 在三维造型软件领域中占有重要地位，是最具有影响力的主流设计软件之一。

图 2-22　2011 版 Pro/Engineer 软件界面

4. CAXA

2002 年，由北京航空航天大学与海尔集团等发起成立北京北航海尔软件有限公司，推出具有自主知识产权的 CAD 产品 CAXA。CAXA 是 "Computer Aided X A" 的缩写，表示基于联盟合作、领先一步的计算机辅助技术与服务。其中，"X" 表示扩充，如技术（Technology）、产品（Product）、解决方案（Solution）以及服务（Service）等；"A" 有联盟（Alliance）合作和领先一步（Advanced）等含义。

目前，CAXA 的软件产品包括电子图版、三维实体造型、数控加工、注塑模具设计、注塑工艺分析以及数控机床通信等，提供包括 CAD/CAPP/CAM/DNC/PDM/MPM 在内的 PLM 解决方案，覆盖了设计、工艺、制造和管理等领域，支持设计文档共享、并行设计和异地协同设计，2011 版 CAXA 软件界面如图 2-23 所示。

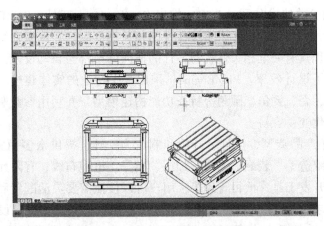

图 2-23　2011 版 CAXA 软件界面

CAXA 坚持走市场化的道路，截至 2007 年年底已累计销售正版软件超过 250 000 套，建立起较完善的产品研发、市场营销、教育培训和技术服务体系，是国产制造业信息化软件的知名品牌和主要供应商。

2.2.7　数字化设计案例

减速器是一种通用的机械传动设备，在工农业生产领域应用非常广泛，而且经常被用作大学机械设计课程的课程设计作业。下面是单级直齿圆柱齿轮减速器数字化设计与分析步骤。

步骤一：基于三维建模软件建立减速器的三维数字化模型，其零部件三维建模和减速器三维整机装配分别如图 2-24 和图 2-25 所示。

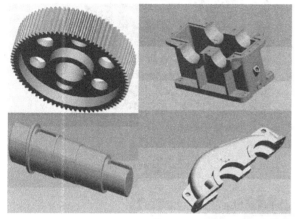

图 2-24　零部件三维建模　　　　　　图 2-25　减速器三维整机装配

步骤二：基于动力学分析软件进行减速器的运动及动力学分析。

① 用建模软件及动力学分析软件之间的数据接口，进行模型转换。

② 在动力学分析软件中建立减速器的数字化虚拟样机（见图 2-26），具体包括建立构件、运动副、驱动、力等的系统设置。

图 2-26　减速器数字化虚拟样机的建立

③ 基于动力学分析软件进行减速器的运动及动力学分析，获得减速器中各构件的运动、速度、受力、力矩等运动及动力学参数的可视化分析结果，如图 2-27 所示。

步骤三：基于有限元分析软件进行减速器中关键部件的运动及动力学有限元分析。

① 用软件之间的数据接口，将所建立减速器虚拟样机导入有限元分析软件。

② 基于有限元分析软件进行减速器中关键部件（齿轮副）的有限元分析，获得齿轮应力、应变及温度场的可视化分析结果，如图 2-28 所示。

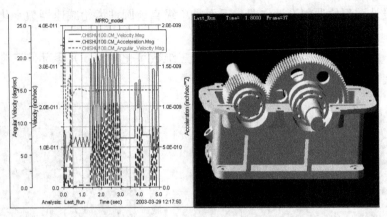

图 2-27　可视化的运动及动力学分析结果

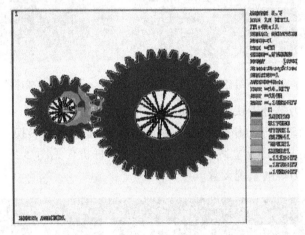

图 2-28　可视化的有限元分析结果

步骤四：根据步骤二、步骤三的分析结果返回步骤一进行修正设计并重新分析验证。

2.3　绿色设计

2.3.1　可持续发展与绿色设计

经过工业革命以来 100 多年的快速发展，资源和环境问题已经成为目前阻碍人类社会生存与发展的主要瓶颈。当下频频发生于世界各地的局部冲突和战争，追本溯源无不与此有关。在人们对自己长期以来采用较为粗放的、大规模工业发展模式及由此而引起的资源枯竭、环境恶化等问题的反思之后，如何选择一条适合各国国情的可持续发展道路，实现人与自然的和谐相处，已成为世界大多数国家的共识，并于 1972 年在瑞典斯德哥尔摩召开的"联合国人类环境会议"上通过了《人类环境行动计划》。此后于 1992 年在巴西里约热内卢召开的"联合国世界环境与发展大会"上通过的《关于环境与发展的里约热内卢宣言》和《21 世纪议程》，以及 2002 年在南非约翰内斯堡召开的"联合国可持续发展世界首脑会议"通过的《关于可持续发展的约翰内斯堡宣言》与《可持续发展世界首脑会议实施计划》，提出了建立社会、经济、资源和环境相协调的可持续发展战略。

作为人类社会可持续发展的重要标志是，使子孙后代拥有与当代人相同，甚至比当代人还多的人均财富和生存发展空间。这就要求当代人要有对历史和子孙后代负责的精神，切实地改变现在传统的发展思维模式以及由这种思维模式而产生的生产、生活和经济发展方式。中国是一个发展中国家，人均资源不到世界平均水平的二分之一，由于经济基础薄弱和技术相对落后，我们到目前为止的发展过程主要是依靠自然资源和劳动力的大量投入所推动的。这种粗放型的经济增长模式，带来的是越来越严重的资源短缺和生态环境恶化问题。

经济发展必须有利于资源的良性利用，有利于生态系统的良性循环，有利于改善和提高人民的生活水平；而不能以浪费资源、破坏生态环境和降低人民生活质量为代价。党中央提出了"要树立以人为本，实现全面、均衡和可持续的科学发展观"，这体现了中国政府在国家经济发展基本模式上观念的进步。作为可持续发展战略的重要组成部分，以绿色设计和绿色制造为主要特征的绿色浪潮正在席卷全球。通过绿色设计和绿色制造，人们希望实现对资源的循环利用、降低能源消耗和最大限度地减小产品制造和使用对环境的影响，实现可持续发展的目标。

绿色设计是20世纪80年代末出现的一股国际设计潮流，它反映了人们对于现代科技文化所引起的环境及生态破坏的反思，同时也体现了设计师道德和社会责任心的回归。对于绿色设计理念产生直接影响的是美国的设计理论家维克多·巴巴纳克（Victor Papanek）。早在20世纪60年代末，他就出版了一本引起极大争议的专著《为真实世界而设计》（Design for the real world）。该书专注于设计师面临的人类需求的最紧迫的问题，强调设计师的社会及伦理价值。他认为，设计的最大作用并不是创造商业价值，也不是包装和风格方面的竞争，而是一种适当的社会变革过程中的元素。他同时强调设计应该认真考虑有限的地球资源的使用问题，并为保护地球的环境服务。对于他的观点当时能理解的人并不多。直到20世纪70年代世界范围的能源危机爆发，他的"有限资源论"才得到了人们普遍的认可，绿色设计理念也得到了人们越来越多的关注和认同。

2.3.2 绿色设计的特点及意义

绿色设计（Green Design）也称为生态设计（Ecological Design）、面向环境设计（Design for Environment）、环境意识设计（Environment Conscious Design），它是指借助产品生命周期中与产品相关的技术信息、环境协调性信息、经济信息等，利用并行设计等各种先进的设计理论，使设计出的产品具有先进的技术性、良好的环境协调性以及合理的经济性的一种系统设计方法。

绿色设计与传统设计的区别主要体现在以下几个方面：

1）设计理念

传统设计以技术中心论和人本主义作为主要指导思想，在设计过程中，注重功能设计或是以人们需求为设计目标，忽略了对环境的影响；而绿色设计不仅强调对自然环境的友好，同时也考虑产品与社会环境、产品与人，为人们设计健康的生活方式，进而满足人—机（产品）—环境（自然环境和社会环境）的协调发展。

2）设计方法

传统设计涉及的学科较少，在设计的过程中考虑的问题不全面，一般只注重产品的性能、质量和降低成本。设计初期在美学、人机学、心理学方面研究的较少，很少考虑对环境的影响，不注重对资源的合理利用，是一种非优化的设计方法；绿色设计是利用机械学、电子技术、材料科学、计算机技术、环境科学、自动化技术、美学、心理学和人机工程学等学科的理论和方法，将各种产品需求转化为有形（或无形）产品或财富的过程。绿色设计在设计构思阶段，把宜人性、使用方式、使用环境、降低能耗、易于拆卸、使之再生利用和环境保护与保证产品的性能、质量和降低成本的要求列入同等的设计指标，并保证再生产过程中能够顺利实施；为了有效地实现这种转变，必须将设计中涉及的多个方面（人、环境、组织、技术和方法等）有机地集成起来，形成一个整体，才能得到总体最佳的效果。由此可见，绿色设计是一个复杂而庞大的系统工程，设计者必须运用系统工程的原理和方法来规划绿色设计。

3）设计模式

传统的设计模式是以串行设计为主，主要考虑市场分析、产品设计、工艺设计、制造、销售以及售后服务等几个阶段。在设计阶段，设计师根据设计要求，凭借以前的设计经验（概念设计、详细设计、工艺、制造、装配等）进行设计。但由于设计人员知识、经验有限，出现不妥当的设计是在所难免的。在设计完成后，将设计图纸提交给制造部门，制造部门根据其现有的资源、加工能力、人员、成本等对设计图纸进行工艺性、可加工性分析。当发现在现有条件下加工性不好、成本太高，甚至无法加工时对设计提出修改意见。设计人员根据制造部门提出的意见对设计进行相应的修改，直至试验、使用阶段也很有可能发现问题，这时必须开始进行重新设计、制造、试验、使用，这种循环不断重复地进行直至达到最终要求。传统设计的串行设计模式如图2-29所示。从图2-29中可以看出，在产品设计开发的各个阶段之间也存在反馈、循环，但这种循环从时间上来说是在上一阶段的工作完成后进入到下一阶段的工作，下阶段的工作也只能在上阶段的工作完成后进行。上一阶段存在的问题只有在后续阶段工作进行时才能被发现并反馈给前阶段，这种反馈、循环是整个阶段性的大循环。对产品开发最直观的影响是产品开发周期长；潜在的影响是耗费大量的人力、物力，并降低了产品质量。另外，对于环境所造成的影响，主要是以末端处理（End-to-Pipe）为主。

图2-29　传统设计的串行模式

绿色设计利用并行工程的原理，在设计阶段注重产品的使用方式、使用环境以及宜人性等因素，并注重各个部门之间的协作关系，利用先进的信息技术进行虚拟产品的设计与开发，并将产品的生命周期拓展为从原材料制备到产品报废后的回收处理及再利用。图2-30描述了产品生命周期的物流过程，即从自然界（各种资源）中提取材料，加工制造成产品，流通给消费者使用，产品报废后经拆卸、回收和再循环将资源重新利用的整个过程。

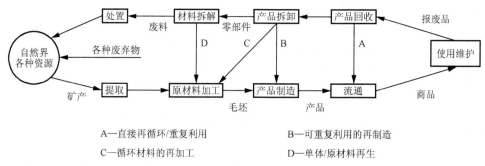

A—直接再循环/重复利用　　　　　B—可重复利用的再制造
C—循环材料的再加工　　　　　　　D—单体/原材料再生

图 2-30　产品生命周期的物流过程

由此可见，绿色设计利用系统的观点，将环境、安全性、能源、资源、宜人性等因素集成到产品的设计活动中，其目的是获得真正的绿色产品。由于绿色设计将产品生命周期中的各个阶段（包括原材料制备、产品设计制造、产品使用维护、回收处理及再利用等）看成是一个有机的整体，并从产品生命周期整体性出发，在产品概念设计和详细设计的过程中，运用并行工程的原理在保证产品的功能、质量和成本等基本性能的条件下，充分考虑产品生命循环周期各个环节中资源和能源的合理利用、环境保护和劳动保护等问题。因此，该法有助于实现产品生命周期中"预防为主，治理为辅"的绿色设计与制造战略，从根本上达到保护环境、保护劳动者和优化利用资源与能源的目的。

4）产品

正是由于设计理念、设计方法和设计模式的不同，设计产品的目标也存在着很大的差异。传统的产品一般只是为了满足人们的某些功能需求来为企业赢得大的利润；而绿色设计不仅要满足人们的某些需求，还将责任感和使命感融入到产品设计中。绿色产品不仅要对环境友好，具有宜人的使用方式，为人们的健康生活方式服务，而且还要建立健康的绿色消费文化，让人们真正感觉到绿色产品对人们生活的改善和提高，体会到绿色产品对人类可持续发展的重要性，进而引导人们的正确的消费行为。绿色产品在传统产品的基础上，使产品与环境（自然环境和社会环境）、产品与消费者的关系更加密切，较原有产品的内涵有了很大的提高。

在现代机械设计学科的发展进程中，绿色设计理念的提出是一个重要的里程碑，它所带来的革命性影响主要体现在以下几个方面。

（1）第一次从人类整体利益的高度，强调了设计者、生产企业在人类社会可持续发展和环境资源保护方面应该承担的社会责任。这种责任一方面可以通过国家法律的形式强制企业承担，如汽车尾气的排放法规、锅炉的尾气排放法规、工业废水的排放法规等，而更重要的是作为设计者和生产企业，必须主动意识到自己应承担的社会责任，在企业的产品开发、生产和企业发展过程中，能进行自我约束，不能仅仅为了实现自己企业商业利益的最大化，而置社会利益于不顾。当今所面临的环境污染和资源短缺等问题，并不是由于个别企业或某一行业的行为造成的，而是整个社会在一段时间内共同行为的累计结果。所以，绿色设计理念反映了人们对现代生产方式和生活方式所引起的生态和环境破坏的反思，从道德层面上提高了对设计师和企业素质的要求，代表了一种新的设计文化，反映了人类道德认知水平的提高，这种提高和认识的深化，必将从更高的层次上，推动社会文明的进步和实现所追求的人类社会可持续发展的理想。绿色设计所代表的是"以人为本，实现人与自然和谐相处"的现代设计文化。所以，如果说"功能思想"的提出是在技术层面上推动了设计学科的进步；而"绿色设计理念"的提出则是在人的思想道德和设计文化的层面上推动了设计学科的进步，它体现了"地球环境与资源保护是大家的共同责任"的崇高思想。

（2）对机械产品来讲，设计是源头。今天所面临的主要由工业设备、工业产品制造与使用所造成的环境污染、资源浪费等问题，除受当时时代的科学技术发展水平的限制，对可能引起的问题预见、认识不够外，在很大程度上还与一些传统落后的产品设计理念有关。例如：在过去的设计理念中，几乎不考虑环境问题，也不考虑产品的回收利用问题，并将烟囱林立、浓烟滚滚、污水横流、机器轰鸣等看成工业化的标志。对所制造和销售的产品与企业和设计人员的关系，现在很多设计人员仍认为"产品过了保修期就与自己和企业没有关系了"。所以，必须改变产品设计的传统观念，要树立"今天的产品，就是明天的废品"的产品设计理念，从产品的性能、材料选择、制造、使用、合理的产品寿命、报废回收的整个过程来看待现在正进行的产品设计，尤其是考虑产品报废后的回收性，进行综合平衡和决策，树立全新的绿色产品设计理念。

（3）对报废产品的重新认识。当今社会，科学技术发展很快，新产品层出不穷，产品的有效寿命周期明显缩短，很多产品不是因为不能使用，而是由于性能落后或仅仅由于外观老旧而报废。虽然可以花钱买新的，但被废弃的不仅是报废的产品，而且还有废弃产品中所包含的资源。所以，绿色设计强调对"物理报废"和"性能报废"产品的回收和再利用。为此，要在产品设计的各个环节上综合考虑对产品整个寿命周期的影响，对产品技术的发展有科学的预测，在现有产品、储备产品和研发产品之间有合理的技术继承和联系，充分考虑由于产品款式、技术升级等因素引起的产品报废，使产品具有合理的使用寿命，而不一味地追求产品的经久耐用。同时，在设计中，广泛运用现代的设计技术，如采用系列化、模块化和标准化设计技术，在产品设计中考虑产品零部件的技术和结构的继承性，为产品在报废后的再制造奠定技术基础。运用面向拆卸的设计技术，注意考虑产品的装拆结构设计，方便装拆。同时，还应考虑对一些产量大、使用时间长的产品，在技术进步后，如何对已销售的产品进行合理的、较为经济的改装，以提高产品使用性能的设计方法，例如像家用空调、电冰箱等产品就是属于这种情况。由于技术进步，现在产品的耗电量较前几年已经明显降低，例如，前几年普通电冰箱 24 h 耗电量为 1 kW·h 左右，但现在可以达到 0.4 kW·h 左右，与现在新的节能型电冰箱相比，大量还在使用的老电冰箱每天都在消耗大量的电能。但由于这些老冰箱不能以较为方便的方式和用户能接受的价格实现节能方面的改装，依然会在若干年内继续被使用，造成社会资源的巨大浪费。从政府的角度讲，如何在政策上大力鼓励和扶持对报废产品的再制造是值得研究的。

2.3.3 绿色设计的设计原则

绿色设计是一种设计的理念和作业体系，具有多学科相互交融彼此影响的特点。国外学者分别从产品结构、材料选择、标签和连接方式等方面提出了绿色设计的设计准则，见表 2-7～表 2-10。

表 2-7　绿色设计的产品结构原则

原则	原因
设计一个多功能的产品	比许多单一功能的产品生态效率更高
减少零部件数量，创造多功能的零部件	减少拆卸时间及节省资源
避免使用单独的弹簧、滑轮或外壳，应将这些功能嵌入零部件	减少拆卸时间及节省资源
按照功能的划分尽可能做模块化设计	允许选择服务，升级或再循环
设计可再使用的平台和再使用的模块	允许选择服务，升级或再循环
将不能再循环使用的部分整合到一个子系统中，并能够快速拆卸	加快拆卸速度
将最具价值的部件定位在容易接触到的位置，并优化部件拆除方向	优化部件的拆除顺序
在拆卸期间保持部件的稳定性	在稳定的基座上手动拆卸会更快
塑料部件中避免嵌入金属部件以加强结构	合乎切碎和分类要求
操作和分离点应该很明显	合乎逻辑的结构可以缩短拆卸和培训时间
注明可再制造部件	鼓励再制造的需求，减少原材料的消耗
运输中注明产品中可再使用的容器或消耗品	减少原材料的消耗
使产品的不同子系统具有不工作时自动断电的功能	减少未处于工作状态的部件不必要的能源消耗
将同样材料的单独部件结合成组	再循环过程中减少不必要的拆卸步骤，相邻的部件可以被遗弃粉碎或溶解

表 2-8　绿色设计的材料选择原则

原则	原因
避免采用受管理或限制使用的材料	它们对环境的影响较大
减少材料的种类	简化再循环过程
附加部分采用同样的可相容的材料，减少不相容的材料	缩短拆卸和分类时间
在所有的部件上标注材料名称	准确地识别和将材料分类可提高材料的价值
采用可循环的材料	刺激再循环方式生产材料的市场
采用可再循环的材料，一般尽可能采用单一成分的材料（没有添加剂）	减少废弃物，提高产品生命周期结束时的价值
避免复合材料	复合材料是指非单一成分的材料，因而不合适再循环使用
移动部件使用强度质量比例高的材料	减少移动部分的质量，从而节省能源的消耗
采用合金比例较低的金属，它比合金比例高的材料再循环性好	成分越单纯的金属回收再利用的用途越广泛
如果都使用纯金属，不同的金属材料之间可以互相连接	铝、钢材、镁合金可以用粉碎机快速粉碎并回收

续表

原则	原因
有害的零部件应做出清晰的标记并应容易拆卸	迅速消除零件的负面影响

表 2-9　绿色设计的标记和表面处理原则

原则	原因
确保在零件上印刷所需用墨的兼容性	保证最大限度地保留材料的回收价值
消除零件上不兼容的油漆——使用标签做烙印或嵌入字	许多情况下因为去除标签油漆而造成零件损坏
使用非电镀处理的金属，要比电镀金属的回收价值高	有些电镀工艺会减少回收率
使用电子零件记录文件	这些零件可以再使用

表 2-10　绿色设计的连接原则

原则	原因
尽量减少连接件的数量	大多数拆卸时间都会用来去除连接件
尽量减少去除连接件所需工具的数量	因改变工具需要时间
连接件应易于去除	为了节省拆卸产品的时间
连接点应留出容易操作的空间	难以操作，将降低人工拆卸的速度
应使咬合点位置明显，并能使用标准工具进行分离	特别的工具可能难以辨别和找到
连接件尽量使用与被连接件协调的材料	能够避免拆卸的操作
如果两部分无法协调，应使其容易分离	它们必须分开回收
减少黏结剂的使用，除非与两个被连接部分相互协调	许多黏结剂会重度污染本来可再回收的材料
减少连接电线或电缆的数量和长度	这些因素会阻碍运动；此外，铜能污染钢铁
设计用断裂方式作为去除连接件的备选方案	折断是较快的拆卸方式

概括起来，可以将绿色设计的核心要素归结为以下三个：

（1）二次利用。产品及其包装能够被反复使用，零部件结构要尽可能简单化和标准化，保证节约资源，并能回收再利用，减缓产品更新换代。

（2）循环回收。产品在完成其功能后能重新变成可以利用的资源，而不是不可恢复的垃圾。再循环有两种：原级再循环，即废品被循环用来产生同种类型的新产品；次级再循环，即将废物资源转化为其他产品的原料。

（3）节约资源。用较少的原料和能源投入来达到既定的生产或消费目的，进而从源头就注意节约资源和减少污染。

2.3.4　绿色设计方法

作为一种设计的理念，绿色设计的具体实施离不开具体的工程技术方法。下面是实现绿色设计的一些重要技术方法。

1. 绿色设计的材料选择（Design for Materials，DFMS）

绿色设计的第一步是材料选择，绿色材料是指在满足一般功能要求的前提下，具有良好的环境兼容性的材料。绿色材料在制备、使用以及用后处置等生命周期的各阶段，具有最大的资源利用率和最小的环境影响。在产品设计中应优先选用可再生材料及回收材料，并且尽量选用低能耗、少污染的材料。要重视材料的环境兼容性，有毒、有害和有辐射性的材料必须避免，所用材料应易于再利用、回收、再制造或易于降解。为了便于产品的有效回收，还应该尽量减少产品中的材料种类，还必须考虑材料之间的相容性。材料之间的相容性好，意味着这些材料可一起回收，能大大减少拆卸分类的工作量。

例如，竹子材质在现代产品设计中变得越来越流行，除了竹子本身的可实用性外，在环境问题日益严重的今天，设计师们更看重的是它在保护环境上发挥的作用。竹子为高大、生长迅速的禾草类植物，类型众多，适应性强，分布极广。竹子具有生长快、产量高等特点，且一次造竹后只要经营合理，可以永续利用。竹子的用途也十分广泛，除加工成食品、工艺品外，更可用于建筑、材料、化工等各个领域，如图2-31所示的竹材外壳笔记本电脑和图2-32所示的竹材眼镜框架。

图2-31　竹材外壳笔记本电脑　　　　　图2-32　竹材眼镜框架

2. 可拆卸性设计（Design for Disassembly，DFD）

产品的可拆卸性是指将产品分解为零部件的难易程度。根据拆卸对象及拆卸的效果，可将拆卸分为破坏性拆卸（Destructive Disassembly）、部分破坏性拆卸（Part-destructive Disassembly）和非破坏性拆卸（Non-destructive Disassembly）三种。破坏性拆卸是仅仅以零部件分离为目的，而不考虑产品结构的破坏程度；部分破坏性拆卸则要求在拆卸过程中只损坏部分廉价零件（如切除连接、气焰切割、激光切割等），其余部分则要求完好分离；非破坏拆卸是最高层次的拆卸，即在拆卸过程中不能损坏任何零部件。

可拆卸性设计是指在进行产品设计时，在满足产品功能和使用要求的前提下，充分考虑产品的可拆卸性。目前，对可拆卸性的研究主要集中在非破坏性拆卸，即实现从装配体上拆除其零部件并保证不对目标零部件造成损害，以达到对产品零部件或材料的最大程度的回收利用。

产品的可拆卸性是产品回收的重要保证。例如，我国每年都有大量的家电产品进入报废，需要进行回收处理，绿色设计要求把可拆卸性作为产品结构设计的一项评价准则，使产品在报废以后其零部件能够高效地不加破坏地拆卸下来，从而有利于零部件的重新利用或进行材料循环再生，达到既节省又保护环境的目的。

产品的可拆卸性也是产品运输的需要。对于一些大型产品的运输，考虑到运输工具的局限，往往将产品按照体积或重量分拆成若干部分，待运输到目的地后再组装起来。

产品的可拆卸性还是产品维修的需要。除了一次性使用的产品以外，大部分产品在生命周期之内都要通过对损坏零部件的维修和更换来恢复产品的使用功能，从而实现延长产品寿命、降低使用成本和节约资源的目标。良好的可拆卸性可以方便产品的维修，减少维修等待时间。

由于产品的品种千差万别，所适用的可拆卸性设计方法也是多种多样，但一般应遵循以下一些设计原则。

1）材料种类和毒害性最小化原则

减少材料种类，尽量采用相容性好的材料，可以简化回收过程，提高可回收性；相互连接的零部件材料要兼容，减少拆卸和分离的工作量；使用可以回收的材料，减少废弃物，提高产品生命周期结束的残余价值；使用回收的材料生产零部件，节约资源；刺激并促进回收市场的发展，以及减少有毒有害材料的使用。

例如，传统的设计为提高产品的表面色彩和金属质感会采取采用电镀、喷漆等表面处理工艺，如图 2-33 所示，对传统设计的台式计算机底座采用表面喷涂工艺，这些工艺往往会带来污水、有毒气体的排放等，而且不好回收，对环境造成了极大的影响。

绿色设计采用镜面处理技术实现产品成形后的高亮外观，既简单大方有不失美感，免去了喷漆的表面处理，对环境的影响也降到了最低，如图 2-34 所示，对绿色设计的台式计算机底座采用镜面处理工艺。

图 2-33　传统设计的台式计算机底座
采用表面喷涂工艺

图 2-34　绿色设计的台式计算机底座
采用镜面处理工艺

2）零部件模块化及重用化原则

对零部件尽可能采用模块化设计，使各部分功能分开，便于维护、升级和重用；零部件可以实现非破坏性拆卸，提高重用零部件的可靠性和残余寿命，便于产品和零部件得到重用；便于翻新和检测，确保重用的产品和零部件具有多次生命周期。

3）拆卸工作量最小原则

减少连接数量，因为大量的拆卸时间是消耗在连接的分离上；减少对连接进行拆卸所需要的工具数量；减少拆卸中工具的更换时间；连接件应具有易达性，降低拆卸的困难程度，减少拆卸时间；快捷连接的位置应明显，便于使用标准工具进行拆卸；连接件应与被连接的零部件材料兼容，减少不必要的拆卸操作；如果相连零部件材料不兼容，应使它们容易分离；减少粘接，除非被粘接件材料兼容，因为许多粘接造成了材料的污染并降低了材料回收的纯度。在不影响产品质量的情况下，将不方便拆卸的连接设计成便于折断的形式，因为折断是一种快捷的拆卸操作；连接点、折断点和切割分离线应比较清楚；将不能回收的零件集中在产品中便于分离的某个区域，减少拆卸时间。以上这些措施都能在一定程度上提高拆卸效率，提高产品可回收性。

4）材料兼容原则

对塑料和相似零件进行材料标志，便于区分材料种类，提高材料回收的纯度、质量和价值；保证塑料上印刷用墨水的材料兼容性，获得回收材料的最大价值和纯度；减少产品上材料不兼容的标签，避免费时的撕标签工作和分离工作，提高产品的回收价值；避免嵌入塑料中的金属件和塑料零件中的金属加强件，减少拆卸工作量，便于采用粉碎操作，提高效率。

5）零部件数量最少原则

零部件数量越大，拆卸所需要的时间就越长，因此在设计过程中，应尽量减少零部件数量。可以采取将不必要的零件筛选掉，将可以合并的零件设计为一个零件等原则，并尽量采用标准零部件；尽可能在同一产品中选择种类、规格一致的连接件，产品中连接的种类越多，拆卸过程中更换工具的次数就越多，拆卸的时间也就越长，效率就越差。

6）综合效益最高原则

将高价值的零部件布置在易于拆卸的位置，提高部分拆卸的回报率；将包含有毒有害材料的零部件布置在易于分离的位置，拆卸中尽可能减少负价值。有些零件为满足使用性能要求，在目前状况下不得不采用不同材料组合，这样在设计时应从结构上考虑使其便于拆卸分离，便于以后回收。

7）结构设计应有利于维修调整原则

设计的结构尽可能用简单的工具调整，布局应符合人机工程学原理，便于对拆下的零件进行再加工，易于调整及更换零部件。同时尽可能避免磨损或使磨损最小，根据任务分解原理，将易损件布局在能调整、再加工或需更换的零件上或区域内。

8）其他原则

避免易老化和易腐蚀材料的结合，防止材料的污染和腐蚀；尽量避免零件的表面二次加工（油漆、涂覆、电镀等），为拆卸回收提供条件；减少连线和电缆的数量和长度，因为柔软的元件拆卸效率差。

机械产品的可拆卸设计是一个复杂的设计过程，它涉及零件设计、材料选择和紧固方式和紧固件的选择等内容，而这些内容往往又与许多学科知识有关。因此，机械产品的可拆卸设计需要机械产品的专业知识等综合协调来解决。

3. 面向制造和装配的设计（Design for Manufacturing & Assembly，DFMA）

在传统的产品开发模式中，产品设计过程与制造加工过程往往脱节，使产品的可制造性、可装配性和可维护性较差，从而导致设计改动量大、产品开发周期长、产品成本高和产品质量难以保证，甚至有大量的设计无法投入生产，从而造成了人力和物力的巨大浪费。面向制造和装配的设计这一设计理念的提出，向传统的产品开发模式提出了挑战。应用 DFMA 的设计思想和相关工具，设计师可以在设计的每一个阶段都获得有关怎样选择材料、选择工艺以及零部件的成本分析等设计信息。它是一种全新的、更加简单、更为有效的产品开发方法，为企业降低生产成本，缩短产品开发周期，提高企业效益提供了一条可行之路。

DFMA 是在产品的设计阶段就尽早地考虑与产品制造和装配有关的约束，全面评价产品和工艺设计，同时提供改进的设计反馈信息，在设计过程中完成可制造性和可装配性检测，使产品结构合理，制造简单，装配性好。

DFMA 具体可分为 DFA（Design for Assembly，面向装配的设计）和 DFM（Design for Manufacturing，面向制造的设计）。DFA 是一种针对装配环节的统筹兼顾的设计思想和方法，就是在产品设计过程中充分考虑产品的装配环节以及与其相关的各种因素的影响，在满足产品性能与功能条件下改进产品的装配结构，使设计的产品是可以装配的，并尽可能降低装配成本和产品成本。DFA 是一种优化产品结构的方法，同时也是一种设计哲理。其作用方式有两种：可装配性分析评价工具和装配设计指南。前者是指产品装配性的各种因素，对产品设计进行到一定的程度后，通过系统分析对产品装配性进行评价，在此基础上给出再设计建议。后者是指先将装配专家的有关知识和经验整理成具体设计指南，然后在它们的指导下进行产品设计，相当于在这些专家的直接帮助下选择设计方案，确定产品结构。DFA 在产品开发过程中的作用和地位主要表现在减少零件数（从而精简产品结构）、改进装配性能、降低产品成本等方面。DFM 则指在产品设计的早期阶段考虑与制造有关的约束，指导设计师进行同一零件的不同材料和工艺的选择，对不同制造方案进行制造时间和成本的快速定量估计，全面比较与评价各种设计方案与工艺方案，设计团队根据这些定量的反馈信息，在零件的早期设计阶段就能够及时改进设计，确定一种最满意的设计和工艺方案。

DFMA 的核心是通过各种管理手段和计算机辅助设计工具帮助设计者优化设计，提高设计工作的一次成功率。DFMA 有以下一些原则。

1）设计简单化、标准化原则

设计简单化，就是在满足美观和功能要求的前提下，使设计尽量简单，减少零件的个数，减少以装饰功能为主的附件设计。当然，同时也减少了加工工序，生产成本随之降低，生产周期也相应缩短。同样，在设计时尽量用标准件替代自行开发零部件，不仅可以帮助设计师节省大量的时间，而且可以减少制造加工时间，也节省了设计成本。成组技术（GT）就是 DFMA 理念的成功应用，它的基本原理是把一些相似的零件划分为零件族，从而揭示和利用它们的基本相似性以便获得最大的效益。美国、英国等工业发达国家的企业都在使用 GT 技术，取得了很好的效果。

2）向设计师提供符合企业现有情况的产品设计原则

如果在设计初期企业能够向设计师提供符合企业实际生产制造情况的一些设计原则，则可以进一步地指导设计师进行高效率设计。以下是一些可以提高设计效率的设计原则。

（1）减少零件个数和种类，并尽量使用标准件。

（2）在可能的情况下尽量采用组合设计的方法。

（3）使设计的产品方便检验和测量。

（4）产品的精度要求应符合实际生产能力，零件的上下偏差最好取尺寸公差的平均值。

（5）稳健性设计。稳健性设计有助于提高产品生产、测试及使用过程中的稳定性。

（6）充分考虑产品的定位，减少一些没有实际作用或可有可无的附加设计，同时使所设计产品的功能、用途更加清晰明确。

（7）简化装配过程。尽可能采用易于装配的简单零部件，并且简化各组件之间的连接设计。

（8）采用常用结构和材料，避免采用特殊材料以及需特殊工艺加工的零部件或组件。

（9）考虑产品维修保养问题，使产品便于拆装和维修。在实际的新产品设计过程中，企业还应根据自身的情况以及以往的经验向设计师们提供更多更详细的信息。

3）多方案分析原则

DFM 要求设计者在概念设计阶段就要进行多方面的比较分析，一些很小的改动或完善，可能会给后续的设计工作带来极大的收益。只有通过多个方案的对比分析，设计者才能够达到最终优化设计的目的。

多方案分析的实现建立在两个基础之上。一是要在设计创意阶段收集一定数量的设计方案；二是要有科学的分析评价手段和工具。

DFMA 软件将设计、装配、材料和加工工艺的知识集成在一起，从装配、制造和维护等方面出发创建一个系统的程序来分析已提出的设计方案，使独立的设计者自己就能够利用这些信息做出合理的选择。它为设计、制造和工艺等相关人员提供了一个共同工作的平台，让大家都在同一时间考虑同一问题，方便了彼此之间的交流。与当前的产品开发方法相比，应用 DFMA 软件的结果是以更低的成本和更短的时间得到了更高质量的产品，促进产品并行设计和创新设计的实现。据统计，DFMA 可以缩短产品从设计到投产的周期高达 50%，减少零部件数量达 30%~70%，减少装配时间达 50%~80%。目前国际和国内许多公司和科研机构都致力于 DFMA 专用软件的开发。

4. 产品的成本分析

在产品设计的初期，就必须考虑产品的回收、再利用等性能，因此在进行成本分析时，就必须考虑污染物的替代、产品拆卸、重复利用成本、特殊产品相应的环境成本等。对企业来说，是否支出环保费用，也会形成企业间产品成本的差异。

5. 生命周期评估（life-cycle Assessment，LCA）

LCA 是支持绿色产品设计的核心工具。对产品在整个生命周期内对环境的影响进行量化，并提供改进的指导原则。LCA 对一个特定产品的分析包括以下 4 个方面的内容：

（1）定义目标和范围。定义 LCA 的目标，建立所研究产品的功能单元，设定 LCA 的边界等。

（2）详细目录。确定产品生命周期各阶段的全部输入（能源、原材料）和全部输出（产品、副产品、废弃物等）的基础数据，并进行量化。

（3）影响因素评价。对量化的基础数据进行分析，将其转换成对环境有关的测量数据。

(4) 结果评价。对环境造成严重影响的因素进行评估，并提出改进设计的策略。

总之，在产品开发过程中，如果缺乏环境意识，不考虑产品本身是否对环境造成污染和危害，势必给人类赖以生存的自然界带来不可逆转的损失和灾难，也会给企业自身带来损失，甚至导致企业破产。绿色产品的开发始于产品的绿色设计，绿色设计的理念和方法以节约资源和保护环境为宗旨，它强调保护自然生态、充分利用资源、以人为本和善待环境，绿色设计应成为现实文明和未来发展的方向。社会可持续发展的要求使得绿色设计成为 21 世纪产品设计的热点之一，它对于整个人类社会的贡献和影响都将是不可估量的。

2.3.5　产品绿色设计案例

1. 绿色概念汽车"叶子"

2010 年上海世博会期间，上汽集团展出了自主研发的概念车"叶子"，如图 2-35 所示。它集光电转换、风电转换和二氧化碳吸附转换等自然能源转换技术概念于一身，车顶一片大"叶子"则是一部高效的光电转换器（见图 2-36），可吸收太阳能转化为电能，并以可视化的"叶脉"方式显示能源的流动；特别值得一提的是其阳光追踪系统，叶片上的太阳能晶体片可随太阳照射方向而转动，提高太阳能收集效率，生物化特性使"叶子"与自然实现和谐共处。

图 2-35　绿色概念汽车"叶子"　　　　图 2-36　车顶的大"叶子"是光电转换器

"叶子"车顶的大叶子是一部奇妙的光电转化器，把太阳能转化为电能，此外，"叶子"的太阳能技术中采用自动追踪阳光系统，无论阴天、雨天，"叶子"都能吸收太阳能，实现能源利用最大化。

"叶子"独特的二氧化碳吸附概念，使它不但能够将空气中二氧化碳转化为动能，更能将排放的高浓度二氧化碳通过激光发生器转化为电能为车内照明，或转化为车内空调制冷剂，从而实现汽车负排放，起到了改善自然环境，缓解温室效应的效果，如图 2-37 所示。

"叶子"以电能为主要动力来源，其追求的是革命性的自然能源转换技术概念。"叶子"的光电转换技术，风电转换技术、二氧化碳吸附和转换技术，将把能源消耗和能源制造有机结合在一起。通过转换利用每一份自然能源，"叶子"将自己融入自然循环中，表达了一种车与自然合为一体的美好概念，如图 2-38 所示。

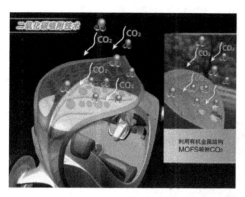

图 2-37 "叶子"具有二氧化碳吸附功能

图 2-38 "叶子"使用清洁能源驱动

2. 无尘保洁车

目前在城市中，道路的清扫已经基本上实现了机械化。但在小城镇中，或者是在城市中的背街小巷中，主要还是依靠环卫工人人工清扫街道，不但工人劳动强度大，而且清扫过程中尘土飞扬不环保。为解决这个问题，我们与有关市政管理部门和环卫企业合作研发了无尘保洁车产品，如图 2-39 所示。

图 2-39 无尘保洁车设计效果

该产品的研发充分体现了绿色设计的理念。小车采用人力推动，车轮转动的同时带动清扫轮转动清扫路面，同时还带动循环提升带转动将清扫起来的垃圾搜集到垃圾搜集袋中，不消耗动力，无污染，零排放。小车的大部分传动零部件都是借用了现有自行车的零部件，市面上很容易购到，成本低且质量有保障，减少了重新制造带来的环境污染和资源消耗。小车外壳采用 PVC 板材吸塑成形，成形容易，不用复杂模具。外壳拆卸方便，便于日常维修和产品报废后的材料分类回收。

无尘保洁车的设计充分注重了人机工程和美观。外形采用了金属切割的造型风格，表现出现代机械的美感和硬朗。车体颜色采用了郁郁葱葱的绿色，表达一种绿色环保的寓意，又体现了浓厚的地域特色。小车前脸侧边及车轮护罩处均饰以醒目的橙色警示标志，体现对环卫工人的安全保护，其车体结构如图 2-40 所示。

图 2-40　车体结构

本 章 小 结

　　本章以机械产品的开发过程为例，介绍了设计与人类社会发展史，讨论了现代设计技术的内涵。论述了现代设计技术的两个重要领域——数字化设计和绿色设计。数字化设计技术是一类设计自动化方法和技术的统称，其主要作用在于缩短设计周期、降低设计成本和提高设计质量，它们的应用是以计算机和信息技术为先决条件的。绿色设计是一种设计的理念和综合的设计方法，其目标是通过对资源的循环利用、降低能源消耗、减小产品生产及使用对环境的影响，促进人类社会的可持续发展。本章给出了几个实际的设计案例，有助于增加对数字化设计和绿色设计的感性认识。

习 题

2-1　什么是产品开发？机械产品的开发流程包括哪几个阶段？

2-2　人类的设计史经历了哪几个阶段？各阶段的特征是什么？

2-3　现代设计与传统设计的主要区别是什么？

2-4　什么是现代设计技术？它分为哪几类？

2-5　什么是数字化设计技术？它包括哪些具体内容？

2-6　工程数据的常用表示方法有哪几种？对其进行数字化处理的常用方法有哪些？

2-7　上网查阅资料，了解本章介绍的几种数字化设计软件的基本情况。

2-8　什么是绿色设计？它与传统设计的区别体现在哪些方面？

2-9　绿色设计的核心要素有哪些？

2-10　绿色设计的具体实施方法有哪些？

2-11　通过社会调研，了解绿色设计和绿色产品对提高企业市场竞争力的作用，写一篇小论文。

第3章　先进制造工艺技术

3.1　概　　述

机械制造技术对国家的经济发展至关重要。当今世界的制造技术正在向全球化、自动化、集成化、绿色化等方向发展，并与计算机技术、信息技术、自动控制技术及现代管理理念等不断融合。

随着需求的个性化、制造的全球化和信息化之发展，制造业已从传统生产组织方式转向精益生产、敏捷制造、智能制造、虚拟制造、虚拟企业等新概念模式。其主要特点如下：

（1）从以技术为中心向以人为中心转变；

（2）从金字塔式的多层次生产管理结构向扁平的网络结构转变；

（3）从传统的顺序工作方式向并行工作方式转变；

（4）从按功能划分部门的固定组织形式向动态的、自主管理的小组工作组织形式转变；

（5）从质量第一的竞争策略向快速响应市场的竞争策略转变。

1. 制造、制造工艺与先进制造工艺

狭义的制造：生产过程从原材料变成成品直接起作用的那部分工作内容。

广义的制造：不仅包括具体的工艺过程，还包括市场分析、产品设计、质量控制、产品生产过程管理、营销、售后服务、产品报废处理等在内的整个产品生命周期的全过程。

制造业是将制造资源通过制造过程转化为可供人和社会使用或利用的工业产品或生活消费品的行业。

制造技术是制造业为国民经济建设和人民生活生产各类必需物资所使用的一切生产技术的总称，是将原材料和其他生产要素经济合理地转化为可直接使用的具有较高附加值的成品/半成品和服务技术群。它一般并非单指加工过程的工艺方法，而是横跨多个学科、包含了从产品设计、加工制造到产品销售、用户服务等整个产品生命周期全过程的所有相关技术，涉及设计、工艺、加工自动化、管理以及特种加工等多个领域，并逐步融合与集成。

制造工艺是指产品原材料经加工后获得预定的形状和组织性能的过程。根据成形过程的不同可分为热加工和冷加工；根据加工材料的形态变化，分为机械加工工艺和材料成形工艺。先进制造工艺总括了热处理与表面改性、锻压、模具、铸造、焊接连接、磨削、切削七个技术领域的内容。

制造工艺技术是指将原材料转化成具有一定几何形状、材料性能和精度要求的可用零件之一切过程和方法的总称。

先进制造工艺就是机械工厂能够普遍采用，具有直接推广价值或广阔应用前景的一系列优质、高效、低耗、洁净、灵活工艺的总称。

传统制造技术与先进制造技术的比较如表 3-1 所示。

表 3-1　传统制造技术与先进制造技术比较

	传统制造技术	先进制造技术
系统性	仅控制生产过程（物质流和能量流）	能控制生产过程（物质流、信息流和能量流）
广泛性	仅指将原材料变为成品的加工工艺	贯穿从产品设计、加工制造到产品销售的整个过程
集成性	学科专业单一、独立，相互间界限分明	各专业和学科间不断渗透、交叉融合
动态性		对于不同时期、不同国家，其特点、重点、目标和内容不同
实用性		注重实践效果，促进经济增长，提高综合竞争力

2. 先进制造技术

先进制造技术（Advanced Manufacturing Technology，AMT）是在传统制造技术基础上不断吸收机械、电子、信息、材料、能源及现代管理等方面的成果，并将其综合应用于产品设计、制造、检测、管理、销售、使用、服务的制造全过程，以实现优质、高效、低耗、清洁、灵活生产并取得理想技术经济效益的制造技术的总称。

与传统加工技术相比先进制造技术是一个相对的、动态的概念，不同国家、不同工业发展水平或处于不同发展阶段都可能有着不同的技术内涵和构成。1994 年美国联邦科学、工程和技术协调委员会将先进制造技术分为主体技术群、支撑技术群和管理技术群三类，三者相互联系、相互促进，组成了一个完整体系，如表 3-2 及图 3-1 所示。

表 3-2　先进制造技术体系结构

主体技术群		支撑技术群	管理技术群
面向制造的设计技术群	制造工艺技术群		
① 产品、工艺设计 　计算机辅助设计 　工艺过程建模和仿真 　工艺规程设计 　系统工程设计 　工作环境设计 ② 快速成形技术 ③ 并行工程	① 材料生产工艺 ② 加工工艺 ③ 连接和装配 ④ 测试和检验 ⑤ 环保技术 ⑥ 维修技术 ⑦ 其他	① 信息技术 　接口和通信 　数据库 　集成框架 　软件工程 　人工智能 　决策支持 ② 标准和框架 　数据标准 　产品定义标准 　工艺标准 　检验标准 　接口框架 ③ 机床和工具技术 ④ 传感器和控制技术	① 质量管理 ② 用户/供应商的交互作用 ③ 工作人员的培训和教育 ④ 全国监督和基准的评设 ⑤ 技术的获取和利用

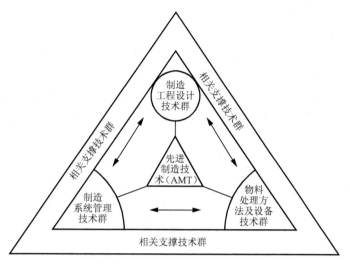

图 3-1 先进制造技术群关系示意

3. 先进制造工艺技术的种类

由于"新、多、杂、变"，先进制造工艺技术主要分为以下几类：

1）精密超精密加工技术

主要包括精密超精密磨削、车削，微细加工技术，纳米加工技术等。精密加工一般是指加工精度在 $1 \sim 0.1 \mu m$（相当于 IT5 级精度和 IT5 级以上精度），表面粗糙度 Ra 值在 $0.1 \mu m$ 以下的加工方法；超精密加工是指被加工零件的尺寸公差为 $0.1 \sim 0.01 \mu m$ 数量级，表面粗糙度 Ra 值为 $0.01 \mu m$ 数量级的加工方法。

2）超高速加工技术

超高速加工技术是指采用超硬材料刀具和磨具，利用能可靠地实现高速运动的高精度、高自动化和高柔性的制造设备，以提高切削速度的方式达到提高材料切除率、加工精度和加工质量的先进加工技术。

超高速加工的切削速度范围因工件材料、切削方式不同而异。目前，一般认为，超高速切削各种材料的切削速度范围：铝合金已超过 1600 m/min，铸铁为 1500 m/min，超耐热镍合金达 300 m/min，钛合金达 150 ~ 1000 m/min，纤维增强塑料达 2000 ~ 9000 m/min。各种切削工艺的切削速度范围：车削 700 ~ 7000 m/min，铣削 300 ~ 6000 m/min，钻削 200 ~ 1100 m/min，磨削 250 m/s 以上等。

超硬材料工具是实现超高速加工的先决条件。目前，刀具材料已从碳素钢和合金工具钢，经高速钢、硬质合金、陶瓷，发展到人造金刚石及聚晶金刚石（PCD）、立方氮化硼（CBN）及聚晶立方氮化硼（PCBN）等。

3）微塑性成形技术

微塑性成形技术是采用塑性变形的方式来成形微型零件的工艺方法。包括高效、精密、洁净铸造、锻造、冲压、焊接及热处理与表面处理技术等。该技术具有成形质量好、工艺简单、生产效率高和成本低等优点。与传统的塑性成形工艺相比，微塑性成形中微型零件的几何尺寸可以按比例缩小，而保持材料其他参数不变。因此，微塑性成形技术在微型零件的批量制造方面具有巨大潜力和广泛的应用前景。

4）现代特种加工技术

包括高能束流（主要是激光束、电子束、离子束等）加工，电解加工与电火花（成形与线切割）加工、超声波加工、高压水加工等。

电火花加工（Electric Spark Machining）是指在一定介质中，通过工具电极和工件电极之间脉冲放电的电蚀作用对工件进行的加工方法。其优点是可以对任何导电材料加工而不受被加工材料强度和硬度的限制。电火花加工可分为电火花成形加工（EDM）和电火花线切割加工（EDW）两大类，一般都采用 CNC 控制。

5）快速成形制造技术

快速成形技术是在计算机控制下，基于离散堆积原理采用不同方法堆积材料最终完成零件的成形与制造的技术。从成形角度看，零件可视为"点"或"面"的叠加而成。从 CAD 模型中离散得到点、面的几何信息，再与成形工艺参数信息结合，控制材料有规律、精确地由点到面，由面到体地堆积零件。快速成形工艺一般用于对材料进行深加工操作，材料利用率高，产品性能优良，因此广泛应用于机械、航空、航天等各个领域。

4. 先进制造工艺的特点

先进制造工艺的特点可概括为先进性、实用性和前沿性。

（1）先进性。先进制造工艺的先进性主要表现在优质、高效、低耗、洁净、灵活（柔性）五个方面。

（2）实用性。先进制造工艺的实用性主要表现在应用普遍性和经济适用性两个方面。

（3）前沿性。先进制造工艺的前沿性主要表现在先进制造工艺是高新技术产业化或传统工艺高新技术化的结果，它们是制造工艺研究最为活跃的前沿领域。

5. 先进制造工艺技术的发展趋势

1）采用模拟技术，优化工艺设计

成形改性与加工是机械制造工艺的主要工序，即将原材料制造加工成毛坯或零部件的过程。应用计算机技术及现代测试技术形成的热加工工艺模拟及优化设计技术成为最热门的研究热点和跨世纪的技术前沿。应用模拟技术，可以虚拟显示材料热加工（铸造、锻压、焊接、热处理、注塑等）的工艺过程，预测工艺结果（组织性能质量），并通过参数对比以优化工艺设计，确保大件一次制造成功、批件一次试模成功。

2）成形精度向近无余量方向发展

毛坯和零件的成形是机械制造的第一道工序。金属毛坯和零件的成形一般有铸造、锻造、冲压、焊接和轧材下料五类方法。随着毛坯精密成形工艺的发展，成形零件的形状、尺寸、精度正从近净成形（Near Net Shape Forming）向净成形（Net Shape Forming）即近无余量成形方向发展。主要方法有精铸、精锻、精冲、冷温挤压、精密焊接及切割等多种形式。如在汽车生产中，"接近零余量的敏捷及精密冲压系统"及"智能电阻焊系统"正处于研究开发状态中。

3）成形质量向近无"缺陷"方向发展

缺陷的多少、大小和危害程度是零件成形质量高低的一项指标。近年来热加工界提出了向近无"缺陷"方向发展的目标,"缺陷"是指不致引起早期失效的临界缺陷概念。

4）机械加工向超精密、超高速方向发展

超精密加工技术目前已进入纳米时代,加工精度达 0.025μm,表面粗糙度达 0.0045μm。超精密加工技术由目前的红外波段向加工可见光波段或不可见紫外线和 X 射线波段趋近；超精加工机床向多功能模块化方向发展；超精加工材料由金属扩大到非金属范围。

目前超高速切削铝合金切削速度已超过 1600 m/min；铸铁为 1500 m/min；超高速切削工艺已成为解决某些难加工材料加工问题的一条途径。

5）采用新型能源及复合加工技术

激光、电子束、离子束、分子束、等离子体、微波、超声波、电液、电磁、高压水射流等新型能源或能源载体的引入,形成了多种崭新的特种加工及高密度能切割、焊接、熔炼、锻压、热处理、表面保护等复合加工新工艺,其中以激光加工工艺发展最为迅速。这些新工艺不仅提高了加工效率和质量,同时还解决了超硬材料、高分子材料、复合材料、工程陶瓷等新型材料的加工和表面改性难题。

6）采用自动化技术,实现工艺过程的优化控制

微电子、计算机、自动化技术与工艺设备相结合,形成了从单机到系统,从刚性到柔性,从简单到复杂等不同档次的多种自动化成形加工技术,使工艺过程控制方式发生了质的变化。

7）采用清洁能源及原材料、实现清洁生产

普通机械加工过程会产生大量废水、废渣、废气、噪声、振动、热辐射等,已不符合当代清洁生产理念的要求。近年来清洁生产成为加工过程的一个新目标,并在此基础上,满足产品从设计、生产到使用乃至回收和废弃处理的整个周期都符合环境要求的"绿色制造"将成为 21 世纪制造业发展的重要特征。

8）逐渐淡化加工与设计之界限并趋向集成及一体化

CAD/CAM、FMS、CIMS、并行工程、快速原型等先进制造技术及理念的出现使加工与设计之间的界限逐渐淡化,并走向一体化。同时冷热加工之间,加工过程、检测过程、物流过程、装配过程之间的界限也趋向淡化甚至消失,而集成于统一的制造系统之中。

9）工艺技术与信息技术及管理技术紧密结合

先进制造技术系统是一个由技术、人员和组织构成的综合集成体,三者紧密结合,不断探索适应需求的新型生产模式,才能提高先进制造工艺的使用效率。先进制造生产模式主要有柔性生产、准时生产、精益生产、敏捷制造、并行工程、分散网络化制造等。这些先进制造模式是制造工艺与信息、管理技术紧密结合的结果,反过来它也将影响和促进制造工艺的不断革新与发展。

3.2　高速超高速加工技术

柔性制造系统的发展使机械加工中的"辅助工时"大为缩短。为与之相适应,必须极大地提高加工过程的切削速度和进给速度,才能协调生产。

高速切削加工技术是一项全新的先进实用技术,有利于提高机械加工效率和加工质

量，相关技术已成为国内外先进制造技术领域的重要研究方向。我国是制造大国且正在转变为创造大国，理应努力掌握先进制造核心工艺技术。

3.2.1 高速加工技术

高速切削加工速度比常规工艺要高很多，发展潜力巨大。不但可以大幅度提高零件的加工效率、降低加工成本，同时还提高了加工表面的质量和精度。

1. 高速切削加工的含义

高速切削理论于 20 世纪 30 年代初提出。德国物理学家 Carl. J. Salomon 经研究得出以下结论：

在常规切削加工过程中，切削速度的提高将会使被加工工件切削温度上升，加剧刀具磨损；任何工程材料都对应有一个临界切削速度，即切削温度最高值。刀具无法进行切削工作的高温度范围称为"死谷"。然而，当切削速度超过该临界值后，随着切削速度的提高，切削温度反而呈下降趋势。因此只要使切削速度足够高，就可以很好地解决切削温度过高而造成刀具损坏问题，获得良好的加工效益。

高速切削技术 HSM（High Speed Machining）或 HSC（High Speed Cutting），至今国际上尚无明确、统一的定义。关于高速切削加工的范畴，一般有以下几种划分方法，一种是以切削速度为区分标准，认为切削速度达到常规切削速度 5~10 倍即为高速切削；也有学者以主轴的转速作为界定高速加工的标准，认为主轴转速高于 8000r/min 即为高速加工；还有以主轴直径和主轴转速的乘积 DN 来定义的，如果 DN 值达到（5~2000）×10^5 mm·r/min，则属于高速加工。生产实践中，加工方法不同、材料不同，高速切削速度也相应不同。一般认为车削速度达到 700~7000 m/min，铣削的速度达到 300~6000 m/min，即可认为是高速切削。

当切削速度对钢材而言达到 380 m/min 以上、铸铁 700 m/min 以上、铜材 1000 m/min 以上、铝材 1100 m/min 以上时称为高速切削加工，不同材料高速切削加工的速度范围如图 3-2 所示。如今切削速度已高达 8000 m/min，材料切除率达 150~1500 cm³/min，超硬刀具材料硬度达 3000~8000 HV，强度达 1000 MPa，加工精度达到 0.1μm。

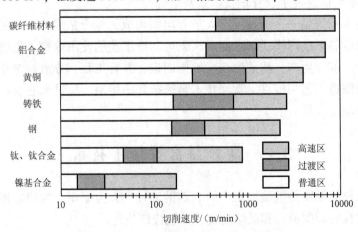

图 3-2 不同材料高速切削加工的速度范围

另外，高速切削加工概念不仅单指切削过程高速，还包含工艺过程的集成和优化，是以获得良好经济效益为目的的技术和效益的统一。

切削速度的提高使单位时间毛坯去除率增加，切削时间减少，加工效率提高，从而缩短了产品的制造周期；同时，小量快进加工方式使切削力减少，切屑的高速排除减少了被加工工件的切削力和热变形；高转速使切削系统的工作频率远离机床的低阶固有频率，避免了共振现象的产生。

高速切削加工系统主要由高速加工中心、高性能刀具夹持系统、高速切削刀具及高速切削 CAM 软件系统等构成，是集高效、优质、低耗于一身的系统工程，是在机床结构及材料、机床设计、制造技术、高速主轴系统、快速进给系统、高性能 CNC 系统、高性能刀夹系统、高性能刀具材料及刀具设计制造技术、高效高精度测量测试技术、高速切削机理、高速切削工艺等诸多相关硬件和软件技术基础之上综合而成的。因此，高速切削是一项随相关技术发展而不断进步的技术。

2. 高速切削加工的优越性

由于切削速度的大幅提高，高速切削加工技术不仅提高了加工过程中的生产率，与常规切削相比还具有以下优点。

（1）切削力小。高速加工中，因采用了小切削量、高切削速度的切削方式使切削力较之常规降低30%以上，尤其是主轴轴承、刀具、工件所受的径向切削力减少幅度更大。既减轻了刀具磨损，又有效控制了加工系统的振动，更有利于提高加工精度。

（2）切除率高。切削速度和进给速度的大幅度提高，提高了材料切除率，从而提高了加工效率。

（3）工件热变形小。在高速切削时，大部分的切削热未及传给工件就被高速流出的切屑带走，因此加工表面的受热时间短，不会因温升而变形。

（4）加工精度高。高速切削进给量小，使加工表面的粗糙度降低，有利于获得良好的加工质量。

（5）绿色环保。加工时间缩短，能源和设备的利用率高；同时可以实现干式切削，减少（甚至不使用）切削液，降低污染和能耗。

3. 高速切削技术的应用领域

鉴于上述特点，使高速切削加工技术有着巨大应用潜力。

（1）对于薄壁类零件和细长的工件，解决了采用传统方法加工时由于切削力和切削热的影响而造成变形问题。

（2）由于切削抗力小，刀具磨损减缓，适用于用高锰钢、淬硬钢、奥氏体不锈钢、复合材料、耐磨铸铁等用传统方法难以加工的材料。

（3）对于汽车、模具、航天、航空等制造领域中大切除率整体构件，由于数控高速切削的进给速度可随切削速度的提高而相应提高，经济效益可观。

（4）高速切削加工过程平稳、振动小，与常规切削方式相比可提高加工精度1~2等级，可以取消后续的光整加工工序；同时，采用数控高速切削技术，能够在一台机床上实现对复杂整体构件同时多重工序操作。

4. 实现高速切削加工的关键技术

高速切削加工涉及切削机理、切削机床、切削过程监控及加工工艺等诸多相关技术，所以高速切削技术的实施和发展，依赖于系统中各组成要素（原理方面、机床、刀具、工艺等）技术水平的进步，具体体现在以下几个方面：

1）高速切削机理

切屑的形成机理，切削力、切削热的变化规律，刀具磨损规律及对加工表面质量的影响等基础理论和实验研究，为高速切削工艺规范的确定及加工工艺制订提供了理论基础。目前，黑色金属及难加工材料的相关内容确定是高速切削生产中的难点。

2）高速切削机床技术模块

高速切削机床由高速主轴系统、快速进给系统和高速 CNC 控制系统等组成。其中主轴轴承决定着高速主轴的寿命和负载容量，是高速切削机床的核心部件之一；主轴结构和高速进给系统的改进是制约高速机床技术的关键单元技术，同时也对机床导轨、伺服系统、工作台结构等提出了更高要求。

3）高速切削刀具技术模块

在由机床、刀具和工件组成的高速切削加工工艺系统中，刀具很关键。高速切削对切削刀具材料、几何参数、刀体结构等都提出了不同于传统的要求，必须满足具有良好的几何精度和高装夹重复定位精度、装夹刚度，高速运转平衡状态和可靠性等要求。刀具系统的技术研究和发展是高速切削加工的关键任务之一。

4）高速切削工艺

高速切削的工艺参数优化是当前制约其应用的关键技术之一。另外，高速切削的零件 NC 程序须研究采用全新编程方式，使切削数据适合高速主轴的功率特性曲线，充分发挥高速切削的优势。

5. 高速切削技术应用研究状况

高速切削技术早已成为美、日、德等国竞相研究的重要课题。早在 20 世纪 60 年代，美、日等国就开始了高速切削机理研究，70 年代美国就研制出转速 20000 r/min 的高速铣床。如今，欧美等发达国家生产的不同规格的各种高速机床已经商业化并进入市场；到 90 年代，已广泛应用于航空航天、汽车、模具制造业，加工铝、镁合金、钢、铸铁及其合金、超级合金及复合材料。例如，在美国波音公司等飞机制造企业，已经采用数控高速切削加工技术超高速铣削铝合金、钛合金等整体薄壁结构件和波导管、挠性陀螺框架等。图 3-3 所示为 SHENCK 动平衡仪面铣刀。

图 3-3 SHENCK 动平衡仪面铣刀

我国在包括切削机理、刀具材料、主轴轴承等高速切削技术方面也取得了较大成就。然而，与其他工业发达国家相比仍存在着较大的差距，基本上还处于实验室的研究阶段。应用方面的研究包括基础理论研究（高速主轴单元和高速进给单元等）和工艺性能和范围的应用研究。其中，高速切削工艺的研究最为活跃，主要目标是开发和完善特种材料的高速切削工艺方法；研究开发适应高速切削的 CAD/CAM 软件系统和后处理系统，建立在新型检测技术基础上的加工状态安全监控系统等。

6. 高速切削对机床的要求

1）数控编程系统

高速切削对数控编程系统提出了很高要求。与传统工艺相比，机床需要加装安全有效的 CAM 编程软件，并具有速度计算、插补功能、全程自动检查及处理能力、自动刀柄与夹具干涉检查功能、进给量优化处理功能、待加工轨迹监控功能、刀具轨迹编辑优化功能和加工残余分析功能等特点。详细说明如下。

（1）高计算编程速度。由于采用小切量及切深，高速切削 NC 程序比传统数控加工程序更复杂，要求其具备能快速计算、优化刀具轨迹编程等功能。

（2）全程自动防过切处理能力及自动刀柄干涉检查能力。CAM 系统必须具有全程自动防过切处理的能力，能够自动进行提示最短夹持刀具长度并自动进行刀具干涉检查等工作。

（3）丰富的高速切削刀具轨迹策略。和传统方式相比，高速切削对工艺走刀方式控制等机能有着特殊要求。为确保切削效率和安全性，CAM 系统能依据加工瞬时余量的大小自动优化进给量，确保刀具受力状态合理。

常见国内外高速切削加工中心如表 3-3 所示。

表 3-3　国内外高速切削加工中心

制造厂家（或国别）	机床名称和型号	主轴最高转速/（r/min）	最大进给速度/（m/min）	主轴驱动功率/kW
Cincinnati Milacron （美国）	HyperMach 5 轴加工中心	60 000	60～100	80
Ingersoll （美国）	HVM800 型卧式加工中心	20 000	76.2	45
Mikron （瑞士）	UCP710 型加工中心	42 000	30	14
EX-cell_ O 公司 （德国）	XHC241 型加工中心	24 000	120	40
Roders （德国）	RPM1000 型加工中心	42 000	30	30
DIFLA SPA （意大利）	K211/214	40 000	24	24
Mazak （日本）	SMM-2500URS 型加工中心	50 000	50	45
Mazak （日本）	FF-510	15 000	40	60

制造厂家（或国别）	机床名称和型号	主轴最高转速/（r/min）	最大进给速度/（m/min）	主轴驱动功率/kW
Nigata（日本）	VZ40 型加工中心	50 000	20	18.5
Makino（日本）	A55-A128 型加工中心	40 000	50	22
沈阳机床厂	DIGTT165	40 000	30	—
北京机床研究所	KT-1400VB	15 000	48	—
大连机床集团	DHSC500	18 000	62	—
北京机床研究院	VMC1250	10 000	48	—

超高速切削机床结构和性能等更加优越。如德国的 DMG85 高速加工中心，采用直线电机和电主轴连接方式，主轴转速 30000 r/min，进给速度 120 m/min，加速度超过 $1g$（重力加速度）。高速机床要求具有高性能的主轴单元和冷却系统、高刚性的机床结构、安全装置和监控系统以及优良的静、动力学特性等。

2）机床结构的要求

目前适用于进行高速切削的加工中心和数控机床，其主轴转速一般都在 10000 r/min 以上，有的高达 60000~100000 r/min，主电机功率 15~80 kW。不同行业对进给量和快速行程速度有不同的要求，范围大约为 30~100 m/min。主轴和工作台还要具备极高的加速性能，从启动到最高速度（或相反）主轴加速用时 1~2 s，工作台的加（减）速度要达到 1~10 g。

机床的基本结构由床身、底座和立柱等组成。高速切削会产生很大的附加惯性力，要求机床床身、立柱等必须具有足够的强度、刚度和高阻尼特性。很多高速机床和立柱采用阻尼特性为铸铁 7~10 倍的聚合物混凝土；或采取提高机床强度，将立柱和底座合为整体的措施改善床体结构。主轴是高速切削加工之关键，由于转速极高，主轴零件在离心力作用下易产生振动和变形，故对主轴提出性能要求如下。

（1）高转速和大转速范围；

（2）刚性好、回转精度高；

（3）良好的热稳定性；

（4）大功率；

（5）可靠的工具装卡性能；

（6）先进的润滑和冷却系统；

（7）可靠的主轴监测系统；

（8）高进给速度。

为实现并准确控制这样的进给速度，对机床导轨、滚动丝杠、伺服系统、工作台结构等提出了较高要求。当然高速 CNC 控制系统也是高速切削加工所必需的。CNC 控制系统具有快速数据处理能力和高功能化特性，以在高速切削时仍保持良好的加工性能。高速切削的安全问题也是至关重要的。主轴转速达 40000 r/min 时，掉落下来的刀具碎片堪比出膛的子弹。因此，必须格外注意高速切削的安全问题。

3）刀具材料的选用

高速切削加工要求刀具具有优异的力学性能、热稳定性、抗冲击和耐磨损性等。目前刀具材料主要有陶瓷、聚晶金刚石（PCD）、立方氮化硼（CBN）等。

（1）陶瓷刀具。与硬质合金刀具相比，陶瓷刀具硬度高、耐磨性好、寿命长（是硬质合金刀具的几倍以至十几倍）。可以用比硬质合金刀具高 3~10 倍的切削速度进行加工。另外，陶瓷刀具与金属的亲和力小，摩擦系数低，抗黏结和抗扩散能力强，化学稳定性好，其切削刃即使处于赤热状态也可以长时连续使用。

（2）金刚石刀具。金刚石是已发现自然界最硬的一种材料，金刚石刀具具有高硬、高耐磨和高导热性能，在有色金属和非金属材料加工中得到广泛的应用。尤其用于铝和硅铝合金高速切削加工时，诸如轿车发动机缸体、缸盖、变速箱和各种活塞等的加工中，金刚石刀具的作用难以替代。

（3）立方氮化硼刀具。立方氮化硼刀具分为立方氮化硼成形刀具和立方氮化硼刀片两大类；立方氮化硼成形刀具是把立方氮化硼复合层直接焊接到成形刀具上，多用于槽刀和小径槽刀等。立方氮化硼刀片又分为焊接复合式立方氮化硼刀片与立方氮化硼整体聚晶刀片；前者是将立方氮化硼复合层焊接到硬质合金基体上（以硬质合金刀片作为基体），后者是整体聚晶结构刀片。

7. 高速切削加工技术展望

高效率、高精度、高柔性和绿色化是机械加工领域的发展趋势。高速切削加工技术必将沿着安全、清洁生产和降低制造成本的大方向发展，成为 21 世纪切削技术的主流趋势。

1）切削速度目标

（1）铣削。

铝及其合金的切削速度目标为 10000 m/min；

铸铁的切削速度目标为 5000 m/min；

普通钢的切削速度目标为 2500 m/min。

（2）钻削。

铝及其合金的主轴转速目标为 30000 r/min；

铸铁的主轴转速目标为 20000 r/min；

普通钢的主轴转速目标为 10000 r/min。

（3）进给速度目标为 20~50 m/min，进给量为 1.0~1.5 mm/齿。

2）工件材料

用于铝及其合金等有色金属和碳纤维增强塑料等非金属材料的切削速度主要受限于机床主轴最高转速和功率等参数。在高速加工机床领域，具有小质量、大功率的高速电主轴、高加速快速直线电机和高速精密数控系统以及配套的高速轴承及其润滑技术、刀库技术和自动换刀装置及监控技术等可望达到更高水平。铸铁、钢及其合金、钛及钛合金、高温耐热合金等超级合金以及金属基复合材料的高速切削加工目的达到与否主要受刀具寿命影响。

3）刀具材料

现有高速切削刀具材料 PCD、CBN、陶瓷刀具、金属陶瓷、涂层刀具和超细硬质合金刀具等仍将起主导作用，并将得到新的发展。进一步发展新型高温力学性能和高抗热震性、高可靠性的刀具材料（包括自润滑刀具材料），特别是为加工超级合金和高性能新型工程材料和高速干切削的刀具材料是重点。

金刚石刀具领域，人工合成单晶金刚石和金刚石厚膜涂层刀具具有优越性，有望成为高速切削有色金属和非金属材料比较理想的刀具材料。

陶瓷刀具优越性独特，通过多种强韧化处理可大幅度提高其性能，或将成为高速切削钢、铸铁等材料的主力材料。

涂层刀具在高速切削加工技术领域具有巨大潜力，通过进一步加强涂层技术和涂层物质的研究，如高强度硬质合金粉末表面涂层、CBN 涂层，纳米涂层等，或将能成为高速切削加工最具有诱惑力的刀具材料。

开发高效复合切削技术和高性能切削技术及其多功能专用刀具，是进一步提高切削效率和加工质量的有效方法，也是高速切削加工技术的重要发展方向，如图 3-4～图 3-6 所示。

另外，高速切削过程的机床、刀具和工件质量的智能监控技术等也需要得到重视和发展。

图 3-4　侧铣和面铣复合加工刀具　　图 3-5　钻镗复合的多功能刀具　　图 3-6　叶根轮专用槽铣刀

3.2.2　超高速加工技术

超高速加工技术是指利用超硬材料刀具和磨具等专用设备来实现高速度、高精度、高自动化和高柔性化加工，以达到提高材料切除率和加工质量的新型加工技术。

1. 超高速加工的优势

超高速加工（UHSM）使生产效率成倍提高，进一步改善了零件的加工精度和表面质量，带来了航空、汽车、动力机械、模具、轴承、机床等行业的飞跃。其主要体现在以下几方面。

（1）超高速大功率的主运动系统。主运动系统转数几万甚至十几万转/分，输出功率几十千瓦。采用的内传动链方式涉及电枢设计、电机冷却、交流调频变速系统、超高速轴承、轴承特殊润滑、冷却和密封、主轴调整平衡、刀具装卸系统及主轴状态参数监控等。

（2）超高速的进给运动系统。进给运动速度可达几十米/分。形成轨迹复杂而精确的超高速进给系统，其主要难点是降低运动惯性到最小和数控伺服系统高速而精确的跟踪性能。

（3）超高速系列切削刀具。工件材料不同，刀具材料、刀具参数和刀体结构随之自动变更。

（4）特殊的支承材料和安全防护体系。新型非金属大阻尼材料支承体配置具有防弹效果的防护体系，观察和操作更便捷安全。

（5）结构紧凑。宽调速交流变频电机实现主轴调速，可简化机床传动系统结构。

2. 超高速加工技术的特点

通常采用高速切削加工手段，可以解决常规切削加工中备受困扰的诸多问题。超高速切削加工技术具有如下几方面优势。

（1）加工效率高。高速切削加工比常规加工切削速度高 5～10 倍，进给速度高 5～10 倍，零件加工时间可缩减到原来的 1/3 左右。采用高速加工技术可以在工件一次性装夹中完成型面的粗、精加工和其他部位的机械加工，即所谓"一次过"技术（One Pass Machining），大大提高了生产效率。

（2）切削力小。与常规工艺相比，高速切削加工切削力可降低 30%，利于加工低刚性零件（如细长轴、薄壁件）等；同时，单位功率的材料切除率可提高 40%，刀具寿命提高约 70%。

（3）热变形小。由于加工过程中超过 95% 的切削热被切屑迅速带走，零件不会因温升而导致弯翘或膨胀变形，特别适合于加工热变形材料零件。

（4）便于加工形状复杂工件。由于步距和切深小，加工时的切削力小，刀具和工件变形小、残余应力小，可获得很高的表面质量，甚至可以省略修光的工序。又由于切削力大幅减少，利于切削高强度和硬度材料，可用于加工型面复杂、硬度高的工件。

（5）加工过程稳定。高速旋转刀具加工时激振频率高，远离"机床—工件—刀具"等系统的固有频率范围，不会引起系统共振，加工过程平稳且无冲击，有利于提高加工精度和质量。

（6）简化工序。高速切削加工可获得很高的工件表面质量，可作为最后一道精加工工序。而常规铣削加工只能在淬火之前进行，淬火造成的变形必须要经手工或采用电加工工序修整成形。采用高速切削加工技术则不会导致表面硬化。此外，细小圆角半径等加工能力缩短了生产周期。

（7）修复方便。对于需多次修复延长使用寿命的工件采用高速切削加工可以更快地完成加工任务且加工精细，还可使用原 NC 程序，无须重新编程。

3. 超高速加工技术的应用

超高速数控机床采用了电动机与机床主轴合二为一的结构形式，即采用无外壳电动机的空心转子直联机床主轴方式。带有冷却套的定子则安装在主轴单元的壳体内，形成内装式电动机主轴（build-in motor spindle），简称"电主轴"（electro-spindle），也称为"零传动"，是一种新型的功能部件——主轴单元。图 3-7 为广东工业大学研制的超高速机床。

超高速加工技术在很多领域得到应用和发展，尤其在以下几个方面。

（1）航空航天工业领域。用于大型整体结构件、薄壁类零件、微孔槽类零件和叶轮叶

图 3-7　广东工业大学研制的超高速机床

片等航空航天部件加工。国外则直接在实体毛坯上进行高速切削，加工出高精度、高质量的铝合金或钛合金等有色轻金属及合金飞行构件。

（2）汽车工业领域。高速加工在汽车生产领域的应用主要体现在模具和零件加工两个方面，例如加工伺服阀、泵和铸模及内饰件等。

（3）模具工具工业领域。采用高速切削可以简化加工淬硬材料类工件工序、节约工时、提高工件的表面质量（表面粗糙度 $Ra \leqslant 0.4\mu m$）；并提高模具工件表面的耐磨性能，使模具寿命提高 3~5 倍，颇有取代电火花加工和抛光加工方式的趋势。

（4）超精密微细切削加工领域。高速切削方式用于电路板小孔直径（0.5 mm 左右）等加工。日本的 FANUC 公司和电气通信大学合作研制了超精密铣床，其主轴转速达 55000 r/min，可用于实现自由曲面的微细加工，还可用于切削橡胶、各种塑料、木材等非金属材料。

4. 超高速加工技术对机床系统提出的要求

基于数控技术、微电子技术、新材料和新颖构件等技术之上的超高速切削技术是未来切削加工的发展方向。然而，高速切削技术自身也存在着一些急待解决的问题，如高硬度材料的切削机理、刀具在变载荷加工过程中的破损、高速切削数据库的建立、开发适用于高速切削加工状态的监控技术和绿色制造技术等。高速切削所用的 CNC 机床、刀具和 CAD/CAM 软件等，技术含量高，价格昂贵，使得高速切削工艺投资额巨大，这在一定程度上制约了高速切削技术的推广应用。此外，高速与超高速加工技术对机床系统提出了很高的要求，主要表现在以下几个方面。

（1）机床结构的刚性。高性能驱动器（快进速度约 40 m/min，3D 轮廓加工速度为 10 m/min），能够提供 $0.4\sim10$ m/s^2 的加速度。

（2）主轴和刀柄的刚性。满足 10000~50000 r/min 的转速需求，通过主轴压缩空气或冷却系统控制刀柄和主轴间的轴向间隙不大于 0.0002 in（英寸）。

（3）控制单元。具有高数据传输率的 32 位或 64 位并行处理器。

（4）可靠性与加工工艺。机床利用率高并具有可无人操作（可靠）性，所建立的加工工艺模型益于对切削条件及刀具的创建与保护。

3.3 精密超精密加工技术

3.3.1 简介

机械加工按加工精度不同可分为一般加工、精密加工和超精密加工。

精密加工是指加工精度为 $1\sim0.1\mu m$、表面粗糙度 Ra 为 $0.01\sim0.1\mu m$ 的加工技术；超精密加工是指加工精度高于 $0.1\mu m$，表面粗糙度 $Ra\leqslant0.025\mu m$ 的加工技术，又称为亚微米级加工。它综合利用了机床、刀具、测量、环境控制、微电子、数控等技术进步的成果，形成了一套完整的制造技术体系。

现代精密超精密加工技术具有以下几个特点。

（1）加工精度在亚微米级以上并向纳米级精度挑战；

（2）多种工艺相结合，形成了复合加工技术；

（3）亚微米级超精密加工机床已实现商品化，并利用计算机技术向加工测量一体化方向发展。

3.3.2 精密超精密加工技术的现状及发展趋势

1. 精密超精密加工技术的现状

20 世纪 50 年代末美国率先开展精密加工技术的研究。如用于航天工业领域的金刚石刀具精密切削技术 SPDT（Single Point Diamond Turning），或称微英寸技术。

国外精密加工技术的发展始于 20 世纪 70 年代初期，主要集中在美、日、英等国家。80 年代中期取得了举世瞩目的成果，并在 1977 年日本精密工学会精密机床研究专业委员会对机床的加工精度标准中补充了 IT-1 和 IT-2 两个等级。表 3-4 是经过补充后的标准。可见 IT-1 和 IT-2 两个等级比原来的 IT0 级精度提高了许多。

表 3-4 日本精密学会精密机床分会精加工等级（单位：μm）

精度等级	零件					机床	
	尺寸精度	圆度	圆柱度	平面度	表面粗糙度	主轴跳动	运动直线度
IT2	2.50	0.7	1.25	1.25	0.2	0.7	1.25
IT1	1.25	0.3	0.63	0.63	0.07	0.3	0.63
IT0	0.75	0.2	0.38	0.38	0.05	0.2	0.38
IT-1	0.30	0.12	0.25	0.25	0.03	0.12	0.25
IT-2	0.25	0.06	0.13	0.13	0.01	0.06	0.13

英国克兰菲尔德技术学院精密工程研究所（简称 CUPE）生产的 Nanocentre（纳米加工中心）是英国精密加工技术水平的代表，享有很高声誉。

日本起步较晚但发展迅速，在声、光、图像、办公设备中的小型、超小型电子和光学零件的精密加工方面技术领先，甚至超过了美国。

我国的精密加工技术始于 20 世纪 70 年代，80 年代中期得到长足发展，以北京机床研究所为代表的精密加工机床现已达到国际先进水平。

2. 精密超精密加工的发展趋势

精密超精密加工技术的发展趋势是向更高精度、更高效率方向发展；向大型化、微型化方向发展；向加工检测一体化方向发展；机床向多功能模块化方向发展；向不断探讨适合于精密超精密加工的新原理、新方法、新材料的方向发展。

为了促进精密加工技术的发展，以下几项应加强深入研究和探讨。

（1）基于新原理的加工方法。努力建立本身机理误差在 1 nm 以下的加工方法。目前加工单位比较小的加工方法主要有弹性破坏加工、化学加工、离子束加工、电子束加工、等离子体加工等。

（2）精密的机械机构。创建具有精密加工装置和测量装置的机构，包括导轨、进给机构及轴承等。超精密空气静压导轨是目前最好的方式之一，其直线度可达 $0.1 \sim 0.2 \mu m / 250 mm$，通过补偿技术还可以进一步提高直线度，但其缺点是刚性值小于液体静压导轨。空气静压导轨的气膜厚度只有 $10 \mu m$，在使用过程中需格外注意防尘。另外，在导轨的设计中，可采取多根导轨并联等措施均化气膜的误差。采用高弹性合金、红宝石制造的滚动导轨，其系统误差在 $0.5 \mu m$ 左右，随机误差 $0.1 \mu m$。

目前超精密加工中所使用的磁悬浮轴承主轴精度低于空气静压轴承主轴，我国的空气静压轴承主轴的回转精度可达 $0.05 \mu m$；国外的可达 $0.03 \mu m$，但仍无法满足纳米加工工艺对主轴的精度要求。要得到 10 nm 的回转精度，轴和轴套的圆度需达到 $0.15 \sim 0.20 \mu m$。

（3）高精度的测试系统。超精密加工对精度的测量主要采用激光检测和光栅检测两种方法，其中光栅的应用更为普及。目前光栅的测量精度可达 nm 级，如北京光电仪研究中心的光栅系统可达 $0.1 \mu m$，俄罗斯的全息光栅系统达 10 nm，LG100 光栅系统的分辨力可达 $0.1 \mu m$，测量范围为 100 mm。

开发系统误差小、精度和可靠性高的检测仪器和控制装置的前提是开发出高性能的传感器以及伺服系统。

以上所述只是列举的几个方面，而其中任意方面取得发展或突破必将导致精密加工技术的一次飞跃。

3.3.3 几种常用的精密超精密加工方法及特点

精密、超精密加工是个相对概念，并无严格统一的标准。随着科学技术的发展和加工工艺水平的进步，标准（水平）将不断提高。图 3-8 为精密加工和超精密加工的分类。

1. 精密加工方法

传统的精密加工方法有砂带磨削、精细切削、珩磨、抛光、研磨、精研抛技术和磁粒光整等。

1）砂带磨削

砂带磨削是用粘有磨料的混纺布为磨具对工件进行加工，是一种兼具磨削、研磨、抛光等多种作用的复合加工工艺。属于涂附磨具磨削加工的范畴。砂带上的磨粒比砂轮磨粒具有更强的切削能力，所以其磨削效率非常高，切除率、磨削比（切除的工件质量与磨料

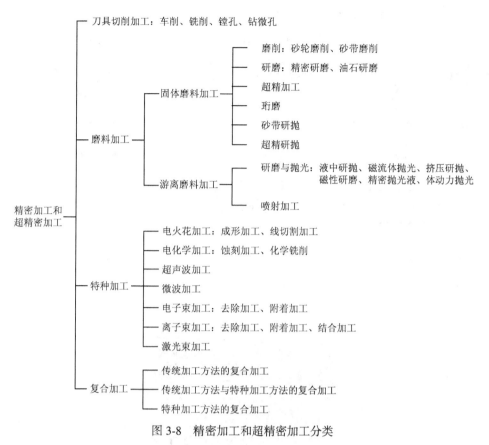

图 3-8　精密加工和超精密加工分类

磨损的质量之比）和机床功率利用率也很高。

　　砂带是在带基上（带基材料多采用聚碳酸酯薄膜）粘接细微砂粒（称为"植砂"）而构成的，如图 3-9 所示，具有以下特点。

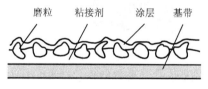

图 3-9　静电植砂砂带结构

　　（1）磨削表面质量好

　　砂带与工件柔性接触，磨粒载荷小且均匀，且能减振，故有"弹性磨削"之称。采用这种方式加工的工件受力小，发热少，散热好，因而可获得上佳表面加工质量，粗糙度最高可达 Ra 为 $0.02\mu m$。

　　（2）磨削性能强。如图 3-9 所示，静电植砂制作的砂轮磨粒有方向性，尖端向上，摩擦生热少，砂轮不易堵塞，且不断有新磨粒进入磨削区，故磨削条件稳定。

　　（3）磨削效率高。强力砂带磨削，磨削比大，加工效率可达铣削的 10 倍。

　　（4）经济性好。设备简单，砂带制作方便，成本低。

　　（5）适用范围广。可用于内、外表面及成形表面加工。几种常见的砂带磨削方式，如

图 3-10 所示，砂带磨削机如图 3-11 所示。

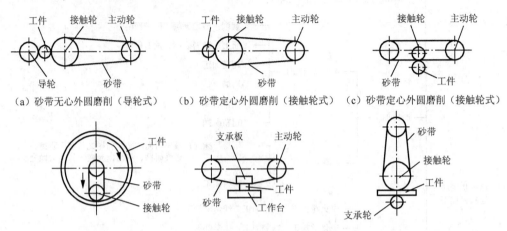

(a) 砂带无心外圆磨削 (导轮式)　(b) 砂带定心外圆磨削 (接触轮式)　(c) 砂带定心外圆磨削 (接触轮式)

(d) 砂带内圆磨削 (回转式)　(e) 砂带平面磨削 (支撑板式)　(f) 砂带平面磨削 (支撑轮式)

图 3-10　砂带磨削

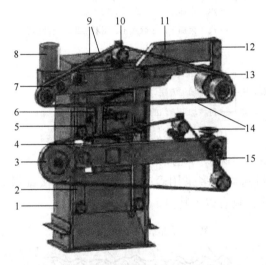

图 3-11　砂带磨削机示意

1—立柱；2—摆杆；3—下磨削轮组合；4—变频电动机；5—导轨滑块机构；6—恒康削力调节机构；
7—转位锁紧机构；8—伺服电动机；9—横梁；10—调偏机构；11—低摩擦汽缸；12—上单元张紧机构；
13—变频电动机；14—砂带；15—下单元张紧机构

2）精密切削

精密切削也称金刚石刀具切削。用高精密的机床和单晶金刚石刀具切削加工，主要用于铜、铝等不宜磨削加工的软金属的精密加工，如计算机用磁鼓、磁盘及大功率激光器用的金属反光镜等，可较一般切削加工精度高 1~2 个等级，精密切削产品如图 3-12 所示。例如用精密车削加工的液压马达转子柱塞孔圆柱度为 $0.5 \sim 1 \mu m$，尺寸精度为 $1 \sim 2 \mu m$；红外反光镜的表面粗糙度 Ra 为 $0.01 \sim 0.02 \mu m$，还具有较好的光学性质。从成本上看，用精密切削加工的光学反射镜，与过去用镀铬经磨削加工的产品相比，成本大约是后者的一半或更低。

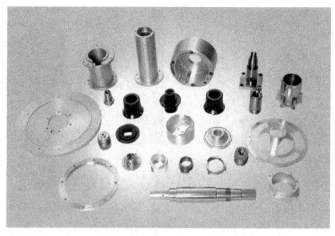

图 3-12　精密切削产品

需要注意的是经磨削加工后，被加工的表面在磨削力及磨削热的作用下金相组织要发生变化，易产生加工硬化、淬火硬化、热应力层、残余应力层和磨削裂纹等缺陷。

3）珩磨

用油石砂条组成的珩磨头，在一定压力下沿工件表面往复运动，加工后的表面粗糙度 Ra 为 0.4~0.1μm，最高 Ra 为 0.025μm，主要用来加工铸铁及钢等材料，不宜用来加工硬度小、韧性好的有色金属类材料。

4）精密研磨与抛光

通过介于工件和工具间的磨料及加工液，工件及研具作相互机械摩擦，使工件达到所要求精度的加工方法。精密研磨与抛光工艺可以使金属和非金属工件具有较高的精度和表面粗糙度，达到 $Ra \leqslant 0.025$μm。加工变质层很小，表面质量高，精密研磨的设备简单，主要用于平面、圆柱面、齿轮齿面及有高密封要求的对偶件的加工，也可用于量规、量块、喷油嘴、阀体与阀芯等的光整加工。

由于陶瓷的高硬度、高脆性，精密磨削一直是工程陶瓷精密加工的难题之一。目前普遍采用电镀金刚石磨具对其进行精密磨削。陶瓷精密磨削有多种方式，无心磨、外圆磨、平面磨等都采用树脂金刚石砂轮，由于树脂结合剂金刚石砂轮的自锐性较好，能及时脱落被磨损的磨料，因此，树脂结合剂金刚石砂轮（见图 3-13）是磨削陶瓷的最佳。

精密研磨的效率较低，例如干研速度一般为 10~30 m/min，湿研速度为 20~120 m/min。对加工环境要求严格，如有大磨料或异物混入时，创伤划痕难以去除。

5）抛光

一种利用机械、化学、电化学等方法对工件表面进行微细加工的方法，用来降低工件表面粗糙度。常用的方法有手工或机械抛光、超声波抛光、化学抛光、电化学抛光及电化学机械复合加工等，精密研磨抛光材料、磨片和抛光带如图 3-14 所示。

手工或机械抛光是在一定的压力下，用涂有磨膏的抛光器与工件表面做相对运动，以实现对工件表面的光整加工。加工后工件表面粗糙度 $Ra \leqslant 0.05$μm，可用于平面、柱面、曲面及模具型腔的抛光加工。手工抛光的加工效果与操作者的熟练程度直接相关。

图 3-13　精密陶瓷磨削用树脂结合剂金刚石砂轮　　图 3-14　精密研磨抛光材料、磨片和抛光带

超声波抛光是利用工具端面做超声振动，通过磨料悬浮液对硬脆材料进行光整加工，加工精度 $0.01\sim0.02\mu m$，表面粗糙度 Ra 为 $0.1\mu m$。超声抛光设备简单，操作、维修方便。主要用来加工硬脆材料，如不导电的非金属材料。当加工导电的硬质金属材料时，生产率较低。

化学抛光是采用硝酸和磷酸等氧化剂使被加工的金属表面氧化，进而达到表面平整化和光泽化的目的。化学抛光设备简单，可用于加工各种形状的工件，效率较高，加工的表面粗糙度一般为 $Ra\leqslant0.2\mu m$，但腐蚀液对人体和设备有伤害，污染环境。主要用于不锈钢、铜、铝及其合金的光亮修饰加工。

电化学抛光是利用电化学反应去除切削加工所残留的微观不平度以提高零件表面光亮度的方法。加工后表面粗糙度 Ra 为 $0.2\mu m$，若原始表面粗糙度 Ra 为 $0.2\sim0.4\mu m$，则抛光后表面粗糙度 Ra 可提高到 $0.08\sim0.1\mu m$。加工后工件具有较好的物理力学性能，使用寿命长，但电化学抛光只能加工导电材料。

随着电化学加工技术的发展，还产生了多种新型的复合加工方法，例如超精密电解磨削、电化学机械复合光整加工、电化学超精加工等。它们主要以降低工件的表面粗糙度值为目的，加工去除量一般在 $0.01\sim0.1$ mm，对于表面粗糙度 Ra 达到 $0.8\sim1.6\mu m$ 的外圆、平面、内孔及自由曲面均可一道工序加工成镜面，表面粗糙度 Ra 达到 $0.05\mu m$，甚至更低。

电化学机械加工加工单位极小，从原理上讲加工精度可以达到原子级，所以其发展潜力很大。

2. 超精密加工方法

从目前机械加工的工艺水平来看，超精密加工一般指加工精度 $<0.1\mu m$、表面粗糙度 $Ra<0.025\mu m$ 的加工。目前超精密加工已进入纳米级，称为纳米加工。

1）超精密切削加工

超精密切削加工主要指金刚石刀具超精密车削技术，刀具刃口半径已达到纳米级，可用于加工软金属材料和非金属材料等。

在超精密车床（见图 3-15）上采用经过精细研磨的单晶金刚石车刀进行微量车削，切削厚度仅 $1\mu m$ 左右，常用于加工有色金属材料的球面、非球面和平面的反射镜等高精度、表面高度光洁的零件（见图 3-16）。例如加工核聚变装置用的直径为 800 mm 的非球面反射镜，最高精度可达 $0.1\mu m$，表面粗糙度 Ra 为 $0.05\mu m$。超精密加工的材料广泛；不仅适于黑色金属、有色金属，还可用于玻璃、陶瓷和各种半导体材料，如硅、砷化镓、碲镉汞晶体等。

图 3-15 SHPERE-200 超精密球面机床   图 3-16 各种镜面切削加工的形面

2）超精密磨削和磨料加工

超精密磨削是指用精确修整过的砂轮在精密磨床上进行的微量磨削加工方法，金属的去除量可在亚微米级甚至更小。尺寸精度 $0.1\sim0.3\mu m$，表面粗糙度 Ra 为 $0.05\sim0.2\mu m$。从软金属、淬火钢、不锈钢、高速钢等到半导体、玻璃、陶瓷等硬脆非金属材料，几乎所有的材料都可加工。磨料加工是利用细度磨粒和微粉对黑色金属、硬脆材料等进行加工，加工方式分为固结磨料和游离磨料两大类。

（1）超精密砂轮磨削技术。超精密磨削是指加工精度在 $0.1\mu m$ 以下、表面粗糙度 $Ra=0.025\mu m$ 以下的砂轮磨削方法。一般采用人造金刚石、氮化硼等为磨料。

超硬材料微粉砂轮超精密磨削技术的关键工艺是微粉砂轮制备技术及修整技术、多磨粒磨削模型的建立和磨削过程的计算机仿真分析技术等。

（2）超精密砂带磨削技术。采用弹性材料使砂带磨削具有磨削、研磨和抛光等多重作用，从而达到高精度和低表面粗糙度的效果。

（3）电解在线修整超精密镜面磨削技术。电解在线修整超精密镜面磨削技术 ELID（Electrolysis In-Process Dressing）的基本原理是利用在线的电解作用对金属基砂轮进行修整，即磨削时在砂轮和工具电极之间浇注电解液并加以直流脉冲电流，使作为阳极的砂轮金属结合剂产生阳极溶解效应而逐渐被去除，使不受电解影响的磨料颗粒凸出砂轮表面，从而实现对砂轮的修整作用，以在加工过程中始终保持砂轮的锋锐性。

（4）双端面精密磨削技术。该磨削方式属控制力磨削过程，加工精度与精密研磨相近，去除率比研磨更高并可获得高平面度和平面平行度。目前该技术已取代金刚石车削技术成为磁盘基片等零件的主要超精加工方法。ELID 技术也被用于双端面磨削（如日本 HOM-380E 型双端面磨床），加工精度更高。

（5）超精密研磨与抛光技术。超精密研磨抛光的典型方法有超精密研磨与抛光加工、磁流体抛光、挤压研抛、砂带研抛、超精密研抛等。

　　超精密研磨技术是在被加工表面和研具之间充以游离磨料和润滑液，使被加工表面和研具产生相对运动并加压使磨料产生切削、挤压作用，致被加工表面的精度得以提高（可达 $0.025\mu m$），表面粗糙度降低（Ra 可达 $0.043\mu m$），超精密磨削的工件如图 3-17 所示。与研磨加工相比，超精密研磨具有恒温、磨料与研磨液混合均匀、磨粒研具刚度精度高等特点，常用做精密块规、球面空气轴承等零件最后加工工序。

　　磁流体精研技术中典型的磨粒悬浮式加工是一种新的无接触研磨方法，即利用悬浮在液体中的磨粒进行可控制的精密研磨加工方式。其工作原理是借助磁感应产生的流动使磁性流体中强磁粉末在液相中离散为胶态溶液（$d<0.0159\mu m$），因磁力矩的影响，粒子不会因重力而沉降，故磁性曲线无磁滞。当将非磁性材料的磨料混入磁流体而置于磁场中时，磨粒在磁流体浮力作用下压向旋转的工件而进行研磨，PKC-100 超精密研磨机如图 3-18 所示。一般分为磨粒悬浮式加工、磨料控制式加工及磁流体封闭式等几种加工方式。

　　磁力研磨技术是利用磁场作用使处于磁极间的磁性磨料形成研磨刷吸附于磁极表面对工件表面产生研磨作用。该法可用于球面、平面和棱边及复杂曲面等的研磨加工。

图 3-17　超精密磨削工件　　　　　　　图 3-18　PKC-100 超精密研磨机

　　电解研磨是电解和研磨的复合加工形式。与工件表面相接触的研磨头既起研磨作用，又起电解加工过程的阴极（工件接阳极）作用。加工时，高精度电解硝酸钠水溶液加入添加剂（如含氧酸盐）和光亮剂（1% 氟化钠 NaF）等组成电解液，通过研磨头出口流经金属工件表面；工件表面在电解作用下发生阳极溶解，溶解时使阳极表面形成一层极薄的氧化物（阳极薄膜）。在工件表面凸起部分形成的初始阳极膜被研磨头研磨掉后阳极工件表面上又会出现新表面并继续电解。如此电解作用与研磨头刮除阳极膜作用交替进行，便可在极短时间内，获取高精度镜面。

　　典型的软质磨粒机械抛光技术属弹性发射加工方式，最小切除量可达原子级（小于 $0.001\mu m$）。其加工过程基于磨粒原子的扩散作用和加速微小粒子弹性射击的机械作用之综合。微小粒子加速法有多种，其中以水流加速方法最稳定。机械化学抛光是一种无接触抛光方法，既可以获得无损伤机械加工表面，又可提高效率。

　　磁流体抛光又称为磁悬浮抛光。类似于磁流体精研技术。强磁性微粉（$d = 10 \sim 15$ nm

的 Fe_3O_4）、表面活化剂和运载液体构成了悬浮液——磁流体，重力（或磁场）作用使胶体呈稳定的分散状态且具有强磁性。由于没有磁滞现象，磁化强度随磁场强度增加而增加。将非磁性材料磨粒与磁流体混入后置于磁场环境中，非磁性磨粒便在磁浮力作用下做流向低磁力方向的流动，其中磁流体作用和磨粒刮削作用多于滚动作用。加工质量和效率极高，可用于平面、自由曲面等加工，加工材料范围较广。

3.3.4 机床超精密加工精度的影响因素

超精密加工机床的核心是由主轴及其驱动装置、导轨及进给驱动装置和微量进给装置等组成。

1）主轴及其驱动装置

主轴是超精密机床的圆度基准，其回转精度决定了超精密加工成品的精度，精度范围为 $0.02 \sim 0.1\mu m$。主轴工作过程中产生的热量会影响精度，故对其温升和热变形要求较高，多广泛采用空气静压轴承、皮带卸载驱动和磁性联轴节驱动等主轴系统。

2）导轨及进给驱动装置

导轨是超精密机床的直线性基准，精度 $0.02 \sim 0.2\mu m/100\ mm$，分滑动导轨、滚动导轨、液体静压导轨和空气静压导轨等几种，空气静压导轨与液体静压导轨应用最多。滑动导轨直线性最高可达 $0.05\mu m/100\ mm$；滚动导轨可达 $0.1\mu m/100\ mm$；液体静压导轨与空气静压导轨的直线性最稳定，可达 $0.02\mu m/100\ m$；采用激光校正的液体静压导轨和空气静压导轨精度可达 $0.025\mu m/100\ mm$。以静压支承的摩擦驱动方式作为超精密机床的进给驱动装置应用较多，特点是驱动刚性好、稳定性强、无间隙、移动灵敏等。

3）微量进给装置

采用微量进给装置可以进一步提高零件尺寸加工精度。微量进给装置分为机械式、弹性变形式、热变形式、电致伸缩式、磁致伸缩式以及流体膜变形微量进给装置等几种。

4）检测与误差补偿

减少超精密加工的误差包括两个方面。一是误差预防，即通过提高机床制造精度和加工环境稳定性等方法控制误差源；二是误差补偿，通过对加工误差进行在线检测、实时建模并动态分析，再根据预报数据对误差源进行补偿处理，从而消除或减少加工误差。实践证明，加工精度达到一定等级后，采用误差补偿技术减小误差较之误差预防技术更加经济实用，故误差补偿技术可能会成为今后主导发展方向。

5）工作环境

超稳定环境有利于提高超精密加工精度，其指标主要包括恒温、超净和防振三个方面。

所谓超精密加工的恒温意指多层恒温，即不仅要保持机床所处空间环境恒温，还要求机床等相关部位保持恒温。一般要求加工区温度和室温（20 ± 0.06）℃一致。

毋庸置疑，超净化的环境对完成超精密加工任务十分重要。例如加工 256K 集成电路硅晶片时，环境的净化要求为 $1\ m^3$ 空间内大于 $0.1\mu m$ 的尘埃粒数小于 10；而加工 4M 集成电路硅晶片时要求大于 $0.01\mu m$ 的尘埃数小于 10。

振动对超精密加工的精度和粗糙度影响甚大。通常采用带防振沟的隔振地基或将机床安装在专用的隔振基础之上等措施，减小振动对超精密加工精度的影响。

3.4　虚　拟　制　造

虚拟制造即对想象中的制造活动进行仿真，它无须消耗现实资源和能量，所进行的是虚拟过程，所生产的也是虚拟产品。

3.4.1　虚拟制造的发展历史

在当今经济全球化、贸易自由化和社会信息化的形势下，制造业的经营战略发生了很大变化，世界市场由传统的相对稳定逐步演变成动态多变的形势，由过去的局部竞争演变成全球范围内的竞争，例如：

20世纪30~60年代企业追求规模效益，采用刚性流水线进行大批量生产；

20世纪70年代更加重视降低生产成本，采用准时化生产；

20世纪80年代提高产品质量成为主要目标；以过程集成为核心的并行工程（Concurrent Engineering，CE）技术进一步提高了制造水平；

20世纪90年代新产品开发及交货期成为竞争的焦点。先进制造技术进一步向更高水平发展，出现了虚拟制造概念。虚拟制造技术就是制造技术与仿真技术相结合的产物。

20世纪70年代以信息集成为核心的计算机集成制造系统（Computer Integrated Manufacturing System，CIMS）开始得到实施；80年代以来，日趋激烈的全球化竞争，致使制造企业必须通过不断地提高生产效率，改善产品质量，降低成本，提供优良的服务，以期在市场中占有一席之地。现代制造必须解决TQCS课题，即以最快的上市速度（Time to Market）、最好的质量（Quality）、最低的成本（Cost）和最优的服务（Service）满足顾客的不同需求。在计算机集成制造CIMS和并行工程CE的基础上，20世纪90年代又出现了虚拟制造VM（Virtual Manufacturing）、精益生产LP（Lean Production）、敏捷制造AM（Agile Manufacturing）、虚拟企业VE（Virtual Enterprise）等概念。其中"虚拟制造"近年来不断引起科技界和企业界的关注，成为竞相研究的热点，对制造业产生了革命性的影响。典型的例子有波音777，其整机设计、部件测试、整机装配以及各种环境下的试飞均是在计算机上模拟完成的，使其开发周期从八年缩短至五年。另一个模拟汽车驾驶系统的例子如图3-19所示。

图3-19　模拟汽车驾驶系统

3.4.2 虚拟制造的定义与特点

1. 虚拟制造的定义

虚拟制造技术是由多学科先进知识形成的综合系统技术，其本质是以计算机支持的仿真技术为前提，对设计制造等生产过程统一建模，在产品设计阶段实时、并行地模拟出产品及制造全过程及其对产品设计的影响，预测产品性能、产品制造成本、产品的可制造性，从而更有效、经济、灵活地组织制造生产，使工厂和车间的资源设计与布局更合理更有效，以达到产品的开发周期最短、成本最低、设计质量最优、生产效率最高之目的。

"虚拟制造"虽非实际制造，但却具备与实体制造相同的本质过程，是通过计算机虚拟模型来模拟和预估产品功能及可加工性等各方面可能性的问题，提高人们的预测和决策水平。

"虚拟制造"的概念由美国提出。然而，什么是虚拟制造？它包括哪些内容？至今莫衷一是，比较有代表性的是以下几种概念。

1）佛罗里达大学 Gloria J. Wiens 的概念

虚拟制造是这样一个概念，即在计算机上执行与实际生产一样的制造过程，其中虚拟模型是用于在实际制造之前对产品的功能及可制造性等潜在问题进行预测。该定义强调虚拟制造"与实际一样"、"虚拟模型"和"预测"，着眼于结果。

2）美国空军 Wright 实验室的概念

虚拟制造是仿真、建模和分析技术及工具的综合应用，以增强各层制造设计和生产决策与控制。该定义强调手段。

3）马里兰大学 Edward Lin 的概念

虚拟制造是一个用于增强各级决策与控制的一体化、综合性制造环境。这里则更看重环境。

4）清华大学的概念

虚拟制造是实际制造过程在计算机上的本质实现，即采用计算机仿真与虚拟现实技术，在计算机上群组协同工作，实现产品设计、工艺规划、加工制造、性能分析、质量检验以及企业各级过程的管理与控制等产品制造的本质过程，以增强制造过程各级的决策与控制能力。

可见，上述定义各有侧重，"虚拟制造"虽然不是实际的制造，但却实现实际制造的本质过程，用以提高人们的预测和决策水平，使得制造技术走出主要依赖于经验的狭小天地，发展到了全方位预报的新阶段。

2. 虚拟制造的特点

虚拟制造集计算机辅助设计（CAD）、计算机辅助制造（CAM）和计算机辅助工艺设计（CAPP）于一体，即在虚拟的产品与制造环境下，通过计算机对虚拟模型进行产品设计、制造、测试，设计人员或用户甚至可"进入"虚拟的制造环境检验其设计、加工、装配和操作过程，并将已开发的产品储存于计算机里。这样既降低仓储费用，并可使根据用户需求或市场变化快速改变设计、投入生产成为可能；而且不同地点、不同部门、不同专业人员可以对同一个产品在同一时间协同工作，信息共享，减少大量的文档生成及其传递的时间和误差，从而使产品开发过程快捷、优质、低耗，紧跟市场节奏。故虚拟制造具有高度集成性、灵活性和支持协同合作性等特点，详细说明如下。

（1）高度集成性及灵活性。虚拟制造的制造产品是计算机模型，所谓制造就是模型的建立过程。一旦这个模型建立完成，就可以不断与之进行交流互动，模拟各种情况的生产和制造过程，以便于反复修改。也正是这一特点使得虚拟制造可以根据不同情况快速地更改设计、工艺和生产过程，从而大幅度压缩新产品的开发时间，提高制造质量，降低成本。

（2）协同合作性。虚拟制造的另一个特点是分布式，参与完成虚拟制造的人员和设备在空间上可以是相互分离的。即可以使分布在不同地点、不同部门的不同专业人员通过网络对同一个产品模型协同工作，共同完成其虚拟制造过程。同时由于信息共享，进而使产品开发更快捷、优质和低耗。

（3）并行过程。虚拟制造还可以是一个并行的过程，产品设计加工过程和装配过程的仿真可以同时进行，大大加快了产品设计过程和进度，减少新产品的试制时间。

（4）产品（部件）的计算机储存性。在计算机上对虚拟模型进行产品设计、制造、测试十分便捷，设计人员或用户甚至可"进入"虚拟的制造环境检验其设计、加工、装配和操作，而不依赖于传统的原型样机的反复修改模式；可将已开发的产品（部件）存放在计算机里，不但大大节省仓储费用，更能根据用户需求或市场变化快速改变设计，快速投入批量生产，从而大幅度压缩新产品的开发时间，提高质量、降低成本。在计算机上模拟制造过程的情况如图3-20所示。

图 3-20　模拟制造过程

3.4.3　计算机仿真、虚拟现实技术与虚拟制造

人类对基于图像、声音等感官信息的理解能力远远大于对数字和文字等抽象信息的理解能力，所以结合了虚拟现实技术的计算机仿真能极大地改善仿真的运用效果，使模型的建立与验证更加便捷，还能进一步的提高传统仿真的功能，为人们的各种设想提供验证和分析的工具。

虚拟制造的基础是虚拟现实技术。所谓的虚拟现实技术是指利用计算机和外围设备，生成与真实环境相一致的三维虚拟环境，允许用户从不同的角度和视点来观看这个环境；并可以通过辅助设备与环境中的物体进行交互关联。虚拟制造则是利用虚拟现实技术在计算机上完成制造过程的技术，采用此技术，在实际的制造之前可以对产品的功能和制造性、经济性等方面的潜在问题进行分析和预测，实现产品设计、工艺规划、加工制造、性能分析、质量检测及企业各级的管理控制等，增强制造过程中各级的决策和控制能力。

1. 计算机仿真

计算机仿真是利用计算机软件模拟真实环境进行科学实验的技术。它首先要定义完整的系统结构，并在描述系统预期表现的计算方法的支持下，由计算机推演分析系统的运行结果。故从模拟真实环境来看，计算机仿真技术与虚拟现实技术有一定的相似性，只是计算机仿真技术缺少虚拟现实技术的多感知性。虚拟现实技术在一定程度上是对计算机仿真的扩充和加强，它是计算机仿真技术进一步发展的新方向。

2. 虚拟现实

虚拟现实 VR（Virtual Reality）技术是使用感官组织仿真设备和真实（或虚幻）环境的动态模型生成（或创造出）人能够感知的环境或现实，使人能够凭借直觉作用于计算机产生的三维仿真模型的虚拟环境中。

与普通三维计算机图形学有所不同的是，VR 可以从虚拟空间的内部向外观察（而非外部旁观者），并进入到虚拟空间中实时观察不同视角下的产品状态；甚至可以把用户与外部环境暂时隔离开来，使之在虚拟现实中更直观、逼真地观察研究对象，更自然、更真实地与之进行互动，一个虚拟现实汽车发动机实验室的例子如图 3-21 所示。这是计算机仿真无法做到的。

虚拟现实分为仿真性虚拟现实和假想性虚拟现实两大类。仿真性虚拟现实是按照被仿真对象的模型来创建虚拟环境，用以帮助用户更快、更全面、更方便地分析与研究该系统；而假想性虚拟现实则给用户以充分想象和创造的空间，以构造出现实中还不曾存在的虚拟场景为目的。这也是虚拟现实优于计算机仿真之处。

虚拟现实技术 VRT 主要包括虚拟制造技术和虚拟企业两个部分，虚拟现实技术的示意图如图 3-22 所示。

图 3-21　虚拟现实汽车发动机实验室

图 3-22　虚拟现实技术

3. 虚拟制造

基于虚拟现实技术的虚拟制造 VM 技术是在一个统一模型之下对设计和制造等过程进行集成，它将与产品制造相关的各种过程与技术集成在三维的、动态的仿真真实过程的实体数字模型之上。其目的是在产品设计阶段，借助建模与仿真技术及时、并行地模拟出产品未来制造过程乃至产品全生命周期的各种活动对产品设计的影响，预测、检测、评价产品性能和产品的可制造性，等等。从而更加有效、经济、柔性地组织生产，增强决策与控制水平，有力地降低由于前期设计给后期制造带来的回溯更改，达到产品的开发周期和成本最小化、产品设计质量的最优化、生产效率的最大化。

虚拟制造技术 VMT（Virtual Manufacturing Technology）即是以虚拟现实和仿真技术为基础，对产品的设计、生产过程统一建模，在计算机上实现产品从设计、加工和装配、检验、使用整个生命周期的模拟和仿真。在产品的设计阶段即模拟出成品及其性能和制造过程，以优化设计和规划、制造过程生产管理和资源，降低开发周期和成本，提高质量和生产效率，从而形成市场竞争优势。

虚拟制造技术是一个跨学科的综合性技术，它涉及仿真、可视化、虚拟现实、数据继承、优化等领域。目前还缺乏从产品生产全过程的高度开展对虚拟制造的系统研究。主要表现在以下几方面：

（1）虚拟制造的基础是产品、工艺规划及生产系统的信息模型；

（2）现有的可制造性评价方法主要是针对零部件制造过程，因而面向产品生产过程的可制造性评价方法有待研究开发，包括各工艺步骤的处理时间、生产成本和质量的估计等；

（3）制造系统的布局、生产计划和调度是一个非常复杂的任务，能够支持生产系统的计划和调度的虚拟平台需要亟待和加强；

（4）分布式环境，特别是适应敏捷制造的公司合作、信息共享、信息安全等方法和技术有待研究和开发，同时经营管理过程重构方法的研究也需加强。

虚拟制造技术从根本上改变了设计、试制、修改过程、规模生产的传统制造模式。产品生产可以在虚拟制造环境中生成软产品原型（Soft Prototype）代替传统的硬样品（Hard Prototype）进行试验，对其性能和可制造性进行预测和评价，从而缩短产品的设计与制造周期，降低产品的开发成本，提高系统快速响应市场变化的能力。虚拟企业是为了快速响应某一市场需求，通过信息高速公路，将产品涉及的不同企业临时组建成为没有围墙、超越空间约束、靠计算机网络联系、统一指挥的合作经济实体。虚拟企业的特点是企业的功能上的不完整性、地域上的分散性和组织结构上的非永久性，即功能的虚拟化、组织的虚拟化、地域的虚拟化。

虚拟制造技术的研究内容是极为广泛的，除了虚拟现实技术涉及的共同性技术外，虚拟制造领域本身的主要研究内容有以下几项：

（1）虚拟制造的理论体系；

（2）基于分布式并行处理环境下的虚拟制造系统的开放式体系结构；

（3）虚拟环境下的产品建模；

（4）虚拟设备、虚拟单元、虚拟生产线、虚拟车间、虚拟工厂、虚拟公司的建立，以及各种虚拟设备的重用性、重组性，企业经营过程重组，虚拟公司（动态联盟）的组织、调度及控制策略等；

（5）基于真实动画感的产品装配仿真、生产调度仿真、生产制造过程仿真、数控加工过程仿真等；

（6）虚拟环境下虚拟制造系统全局最优决策技术；

（7）虚拟环境下虚拟制造过程的人机、智能协同求解技术；

（8）虚拟制造系统的开发平台、软件工具、网络与通信等支持环境的建立和开发。

虚拟制造技术的广泛应用将从根本上改变现行的制造模式，也将对相关行业产生巨大影响，可以说虚拟制造技术决定着企业的未来，也决定着制造业在竞争中能否立于不败之地。

3.4.4 虚拟制造模式与环境

实际的制造系统可以抽象成由物理系统、信息系统和控制系统组成的集合。物理系统包括制造中的所有资源，如材料、机床、机器人、夹具、控制器和操作工人等；信息系统包括信息的处理和决策，如生产的调度、计划和设计等；控制系统的任务是实现信息系统和物理系统的信息交换。

对应于实际的制造系统，虚拟制造系统可以划分为虚拟物理系统、虚拟信息系统和虚拟控制系统。而虚拟制造从根本上讲就是要在计算机上生产出"虚拟产品"，即将实际制造系统映射于虚拟制造技术的虚拟制造系统。因此，虚拟制造系统可以表示为 VMS = {VPS,VIS,VCS}，其中 VPS 是虚拟物理系统，VIS 为虚拟信息系统，VCS 是虚拟控制系统。根据不同生产阶段所面对的对象不同，虚拟制造分为三类：以设计为核心的虚拟制造，以生产为核心的虚拟制造和以控制为核心的虚拟制造。以设计为核心的虚拟制造，其主要目标是优化产品设计、优选工艺和加工方案；以生产为核心的虚拟制造，其主要目标是优化资源，对选择工艺进行评价和验证；以控制为核心的虚拟制造，其目标为优化车间控制的制造过程。

虚拟制造包括产品的可制造性、可生产性和可合作性等特征。可以从虚拟制造、虚拟生产、虚拟企业三个层次开展产品全过程的虚拟制造技术及其集成环境的研究，包括产品全信息模型、支持各层次虚拟制造的技术并开发相应的支撑平台，以及支持三个平台及其集成的产品数据管理（PDM）技术。

1. 虚拟制造平台

该平台支持产品的并行设计、工艺规划、加工、装配及维修等工作过程，并可进行制造性分析（包括性能分析、费用估计、工时估计等）工作，是以全信息模型为基础的众多仿真分析软件的集成，包括力学、热力学、运动学、动力学等可制造性分析，具有以下研究环境：

（1）基于产品技术复合化的产品设计与分析。除了几何造型与特征造型等环境外，还包括运动学、动力学、热力学模型分析环境等。

（2）基于仿真的零部件制造设计与分析。包括工艺生成优化、工具设计优化、刀位轨迹优化、控制代码优化等。

（3）基于仿真的制造过程碰撞干涉检验及运动轨迹检验。材料加工成形仿真包括产品设计，加工成形过程温度场、应力场、流动场的分析，加工工艺优化等；产品虚拟装配，根据产品设计的形状特征与精度特征，三维真实地模拟出产品的装配过程，并允许用户以交互方式控制产品的三维真实模拟装配过程，以检验产品的可装配性。

2. 虚拟生产平台

该平台支持生产环境的布局设计及设备集成、产品远程虚拟测试、企业生产计划及调度的优化，并可进行生产性分析。

（1）虚拟生产环境布局。根据产品的工艺特征、生产场地、加工设备等信息，三维真实地模拟生产环境，并允许用户交互地优化有关布局、模拟生产动态过程、统计评价相应参数等。

（2）虚拟设备集成。为不同厂家制造的生产设备实现集成提供支撑环境，对不同集成方案进行比较。

（3）虚拟计划与调度。

3. 虚拟企业平台

虚拟企业平台为敏捷制造提供了可合作性的分析支持。以虚拟企业的形式实现劳动力、资源、资本、技术、管理和信息等的最优配置，这给企业的运行带来了一系列新的技术要求：

（1）虚拟企业协同工作环境。支持异地设计、异地装配、异地测试的环境，特别是基于广域网的三维图形的异地快速传送、过程控制、人机交互等环境。

（2）虚拟企业动态组合及运行支持环境，特别是 Internet 环境下的系统集成与任务协调环境。

4. 基于 PDM 的虚拟制造平台集成

虚拟制造平台应具有统一的框架、统一的数据模型，并具有开放的体系结构，具体情况如下：

（1）支持虚拟制造的产品数据模型。提供虚拟制造环境下产品全局数据模型定义的规范，多种产品信息（设计信息、几何信息、加工信息、装配信息等）的一致组织方式的研究环境。

（2）基于产品数据管理（PDM）的虚拟制造集成技术。提供在 PDM 环境下，"零件/部件虚拟制造平台"、"虚拟生产平台"、"虚拟企业平台"的集成技术研究环境。

（3）基于 PDM 的产品开发过程集成。提供研究 PDM 应用接口技术及过程管理技术，实现虚拟制造环境下产品开发全生命周期的过程集成。

3.4.5 虚拟制造技术的作用及应用领域

1. 虚拟制造技术的作用

虚拟制造可以对想象中的制造活动进行仿真，它不消耗现实资源和能量，所进行的过程是虚拟过程，所生产的产品也是虚拟的。虚拟制造技术的应用将会对未来制造业的发展产生深远影响，它的作用主要表现在以下几方面：

（1）进行全面仿真，使之达到了前所未有的高度集成，为先进制造技术的进一步发展提供更广阔的空间，同时也推动了相关技术的不断发展和进步。

（2）加深人们对生产过程和制造系统的认识和理解，促进理论升华，指导实际生产，对生产过程、制造系统等进行整体优化配置。

（3）在虚拟制造与现实制造的相互影响和作用过程中，全面改进企业的组织管理工作，及时做出正确决策。例如，可以对生产计划、交货期、生产产量等作出预测，及时发现问题并改进现实制造过程。

（4）虚拟制造技术的应用将加快企业人才的培养速度。正如模拟驾驶室对驾驶员的培养训练起到了良好作用一样，虚拟制造也有类似作用。比如，对生产人员进行操作、异常工艺的应急处理训练等。

2. 虚拟制造技术的应用领域

虚拟制造技术的应用主要有以下几方面：

（1）虚拟原型和产品设计，即在计算机中设计虚拟的产品或零部件；

（2）生产过程仿真（优化、调度），即对车间或工段的生产过程进行仿真优化；

（3）设备仿真，即对机器人等生产设备进行离线仿真，动态特性分析和模拟；

（4）物流仿真，即物流规划，对 AGV（自动搬运设备）进行仿真；

（5）装配过程仿真；

（6）复杂数据的可视化，数值模拟计算结果的可视化输出；

（7）设备的远程操作，利用计算机网络将空间上分散的设备结合起来，进行集成管理运行，遥控制造；

（8）增强通信效果；

（9）操作培训。

1）国外的研究与应用

近几年，工业发达国家均着力于虚拟制造的研究与应用。在美国，NIST（National Institute of Standards and Technology）正在建立虚拟制造环境（称为国家先进制造测试床，National Advanced Manufacturing Testbed，NAMT）。波音公司与麦道公司联手建立了 MDA（Mechanical Design Automation）。美国国家标准及技术局 NIST 主要研究工程设计测试床的创建及制造工程工具软件包，提供了开放式虚拟现实测试床（OVRT）和国家先进制造测试床（NAMT）。美国 Michigan 大学虚拟现实实验室主要研究如何从 CAD/CAM 数据库中快速构筑虚拟原型以及原型的行为功能建模。美国华盛顿大学在 Pro/Engineer 等 CAD/CAM 系统上开发了面向设计和制造的虚拟环境 VEDAM，建立起包含整个车间机床模型的虚拟环境。美国波音飞机公司采用虚拟样机技术在计算机上建立了波音的最终模型，整机开发、部件测试、整机装配等虚拟开发活动以及在各种条件下的试飞都是在计算机中完成的，开发周期从过去的八年缩短到五年。

英国的 Bath 大学用 OpenInventor 2.0 软件工具开发出了基于自己的 Svlis 建模软件的虚拟制造系统，为用户提供具有机床、成套刀具、机器人等虚拟设备的三维虚拟车间环境。

英国 Herriot-Watt 大学的虚拟制造研究组主要从事与虚拟装配有关的一系列研究工作，为各种工业应用提供虚拟现实工具，提出基于虚拟现实的装配规划系统，并使用浸入式虚拟环境完成电缆套索的设计与定位。

德国宝马汽车公司为车门装配设计的虚拟装配系统能识别语音输入指令并完成相应操作，并能对干涉碰撞发声报警。

在日本，以大阪大学为中心的研究开发力量主要进行虚拟制造系统的建模和仿真技术研究，并开发出了虚拟工厂的构造环境 VirtualWorks。

其他工业发达国家也均着力于虚拟制造的研究与应用，德国 Darmstatt 技术大学、加拿大 Waterloo 大学等先后成立专门研究机构开展虚拟制造技术的研究工作。

2）国内的研究与应用

我国对虚拟制造的研究起步较晚，然而发展迅速。国内最早的虚拟制造研究机构之一是清华大学 CIMS 工程研究中心虚拟制造研究室，在综合目前国内外关于虚拟制造的研究成果的基础上，提出了一个虚拟制造体系结构，即基于产品数据管理（PDM）集成的虚拟制造、虚拟生产、虚拟企业框架结构，并就某典型产品在进行虚拟设计、仿真优化、虚拟装配及可加工性分析的基础上开发研制了虚拟加工软件系统 VME。北京机械科学研究总院初步实现了立体停车库的虚拟现实下的参数化设计，可以直观地进行车库的布局、设计、分析和运动模拟。上海交通大学等科研机构也在进行虚拟制造方面的研究。但总体来说，我国关于虚拟制造方面的研究还处在初期阶段，且多集中于高等院校和少量的研究院所，企业和公司参与度较低。

本章小结

本章主要介绍了制造、制造技术、制造工艺、先进制造技术、先进制造工艺等概念，侧重讲述了高速（超高速）切削加工、精密（超精密）加工和虚拟制造技术等内容。要求学习者能够了解和掌握各种先进制造工艺技术的内涵、分类、研究现状与发展趋势等知识，并建立起与先进设计技术、制造自动化技术等后续章节的知识结构关系。

习　题

3-1　什么是制造、制造技术和制造工艺？

3-2　先进制造工艺有什么特点？

3-3　高速切削加工工艺有哪些优越性？

3-4　高速切削对机床有什么要求？

3-5　简述超高速加工技术的特点。

3-6　什么是精密超精密加工技术？

3-7　超精密加工技术有什么特点？

3-8　常用的精密超精密加工方法有哪些？

3-9　影响机床超精密加工精度的因素是什么？

3-10　什么是虚拟制造？

3-11　虚拟制造有什么特点？

3-12　什么是虚拟现实技术？其与虚拟制造有什么关系？

3-13　虚拟制造有什么特征？

3-14　虚拟制造技术的作用主要有哪些？

第 4 章　先进制造自动化技术

现代飞机、汽车等工业产品的表面由各种各样的曲面组成，依靠传统手动操作的机床，很难精确加工出生产这些曲面所需的模具。加工曲线曲面的需求，驱动着数控技术的发展。而自动化生产线上搬运工件、自动上下料等需求，使工业机器人得以广泛应用。图 4-1 为汽车的钣金覆盖件。图 4-2 为六轴工业机器人。近年来，随着计算机技术的快速发展，机械加工过程的自动化程度迅速提高，生产过程中广泛采用数控加工技术与工业机器人。数控和工业机器人技术的水平和普及程度，已经成为衡量一个国家综合国力和工业现代化水平的重要标志。

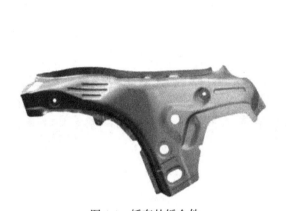

图 4-1　轿车的钣金件　　　　　　　图 4-2　六轴工业机器人

4.1　先进制造自动化技术概述

4.1.1　制造自动化技术的内涵

自动化是美国人 D. S. Harder 于 1936 年提出的。他认为，在一个生产过程中，机器之间的零件转移不用人去搬运就是"自动化"，这就是早期制造自动化的概念。

制造自动化的概念是一个动态发展过程。过去人们认为自动化是以机器代替人的体力劳动，自动地完成特定的作业。随着计算机和信息技术的发展与应用，制造自动化的功能目标不再仅仅是代替人的体力劳动，而且还须代替人的部分脑力劳动去自动的完成特定的工作。随着制造技术、电子技术、控制技术、计算机技术、信息技术、管理技术等的发展，制造自动化已远远突破了上述传统的概念，具有更加宽广和深刻的内涵。制造自动化的广义内涵至少包括以下几点。

（1）在形式方面，制造自动化有三层含义：一是代替人的体力劳动；二是代替或辅助人的脑力劳动；三是实现制造系统中人、机及整个系统的协调、管理、控制和优化。

（2）在功能方面，制造自动化可用 T（time）、Q（quality）、C（cost）、S（service）、E（environment）这五个功能目标（简称为 TQCSE）模型来描述。其中 T 有两方面的含义：一是指采用自动化技术，可缩短产品制造周期；二是提高生产率。Q 的含义是采用自动化系统，能提高和保证产品质量。C 的含义是采用自动化技术能有效地降低成本，提高经济效益。S 也有两方面的含义：一是利用自动化技术，更好地做好市场服务工作；二是采用自动化技术，替代或减轻制造人员的体力和脑力劳动，直接为制造人员服务。E 的含义是制造自动化应该有利于充分利用资源，减少废弃物和环境污染，有助于实现绿色制造。

（3）在范围方面，制造自动化不仅涉及具体生产组织过程，而且涉及产品寿命周期所有过程。一般来说，制造自动化技术的内涵是指制造技术自动化和制造系统的自动化。

4.1.2 制造自动化技术的发展历程

制造自动化技术的发展与制造技术的发展密切相关。制造自动化技术的生产模式经历了几个发展阶段如图 4-3 所示。

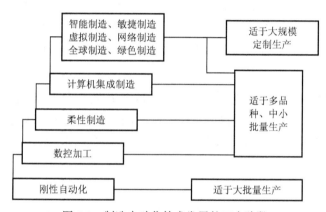

图 4-3 制造自动化技术发展的五个阶段

第一阶段：刚性自动化阶段。刚性自动化包括自动单机和刚性自动线，这一技术在 20 世纪 40～50 年代已相当成熟。在这一阶段中应用传统的机械设计与制造工艺方法，采用专用机床和组合机床、自动单机或自动化生产线进行大批量生产。其特征是高生产率和刚性结构，很难实现生产产品的改变。该阶段引入的新技术有继电器程序控制、组合机床等。

第二阶段：数控加工阶段。数控技术包括数控和计算机数控，数控加工设备包括数控机床、加工中心等。数控加工的特点是柔性好、加工质量高，适于多品种、中小批量（包括单件）产品的生产。该阶段引入的新技术有数控技术、计算机编程技术等。

第三阶段：柔性制造阶段。该阶段的特征是强调制造过程的柔性和高效率，适于多品种、中小批量的生产。此阶段涉及的主要技术包括成组技术、计算机直接数控和分布式数控（distributed numerical control，DNC）、柔性制造单元、柔性制造系统、柔性加工线、离散系统理论和方法、仿真技术、车间计划与控制、制造过程监控技术、计算机控制与通信网络等。

第四阶段：计算机集成制造和计算机集成制造系统阶段。其特征是强调制造全过程的系统性和集成性，以解决现代企业生存与竞争的 TQCSE 问题。

第五阶段：新的制造自动化模式阶段。这些新的制造模式包括智能制造、敏捷制造、虚拟制造、网络制造、全球制造和绿色制造等。

4.1.3 先进制造自动化技术的发展趋势

1. 制造敏捷化

敏捷化是制造环境和制造过程面向 21 世纪制造活动的必然发展趋势。制造环境和制造过程的敏捷化包括三个方面的内容：

(1) 柔性，如机械装备的柔性、工艺过程的柔性、系统运行的柔性等。

(2) 重构能力，如能实现系统的快速重组，组成动态联盟。

(3) 快速化的集成制造工艺，如快速原型制造工艺。

2. 制造网络化

基于网络技术的制造已成为当今制造业发展的必然趋势。其主要表现如下：制造环境内部的网络化，以实现制造过程的集成；制造环境与整个制造企业的网络化，以实现制造环境与企业中的工程设计、管理信息系统等各子系统的集成；企业与企业间的网络化，以实现企业间的资源共享、组合与优化利用，通过网络实现异地制造。

3. 制造全球化

随着互联网技术的发展，制造全球化的研究和应用发展迅速。制造全球化的主要内容如下：市场的国际化；产品开发的国际合作及产品制造的跨国化；制造企业在世界范围内的重组与集成；制造资源的跨地区、跨国家的协调、共享和优化利用，形成全球制造的体系结构。

4. 制造虚拟化

制造虚拟化主要是指虚拟制造。制造虚拟化的核心是计算机仿真，通过仿真来模拟真实系统，发现设计和制造中可避免的错误，保证产品制造一次成功。

5. 制造智能化

智能制造系统是一种由智能机器和人类专家共同组成的人机一体化智能系统，它在制造过程中能进行诸如分析、推理、判断、构思和决策等智能活动。智能制造技术的目标在于通过人与智能机器的合作，去扩大、延伸和部分地取代人类专家在制造过程中的脑力劳动，以实现制造过程的优化。智能制造系统是制造系统发展的最高阶段。

6. 制造绿色化

如何使制造业尽可能少地产生环境污染是当前环境问题研究的一个重要课题。绿色制造是一种综合考虑环境影响和资源利用效率的现代制造模式，其目标是使得产品从设计、制造、包装、运输、使用到报废处理的整个产品寿命周期中，对环境的负面影响最小，资源利用率最高。对制造环境和制造过程来说，绿色制造主要涉及资源的优化利用、清洁生产和废弃物的最少化及综合利用。

4.2 数控加工技术

4.2.1 数控加工技术的发展历程

数控技术即数字控制技术（Numerical Control Technology），是指用计算机以数字指令的方式控制机床动作的技术。

数控加工技术集机械制造、计算机、信息处理、现代控制理论、传感器技术、光机电一体化技术于一身，是现代制造技术的基础。数控加工技术的广泛应用，给机械制造业的生产方式和产品结构带来了深刻影响。

数控加工的特点是自动化程度高、生产效率高、产品精度好、生产成本低。在制造业中，数控加工是产品生产技术中相当重要的一个环节。尤其是航空航天产品和汽车零部件，几何形状复杂、精度要求高，因此在这些行业中广泛采用数控加工技术。

1952年，美国麻省理工学院与企业界合作，研制出了世界上第一台试验性的数控立铣床，其控制装置由真空管组成。1954年生产出了第一台工业用的数控机床，1955年生产了一百台。这些数控机床在复杂曲面零件加工中发挥了很大作用，提高了飞机零件靠模和机翼检查样板的加工精度及生产效率。

在此后的60年间，随着自动控制技术、微电子技术、计算机技术、精密测量技术及机械制造技术的进步，数控机床得以快速发展，产品不断更新换代，品种不断增多。就数控装置而言，大致经历了以下几个发展过程：第一代数控装置由真空管组成，第二代采用晶体管和印刷电路，第三代采用小规模集成电路，并出现了直接数控（Direct Numerical Control，DNC）控制方式，第四代采用大规模集成电路及通用计算机控制，被称为计算机数控（Computerized NC，CNC）。现在，大多采用具有多个微处理器的计算机作为数控装置的核心，数控装置的各项功能被分配给各个微处理器，在主微处理器的统一控制和管理下，并行、协调地工作，使数控机床向高精度、高速度方向发展。

4.2.2 数控机床的组成与特点

1. 数控机床的组成

虽然数控机床种类很多，但任何一种数控机床都是由数控系统、伺服系统和机床本体三大部分以及辅助控制系统等组成。

1）数控系统

数控系统是数控机床的核心，是数控机床的"指挥系统"，其主要作用是对输入的零件加工程序进行数字运算和逻辑运算，然后向伺服系统发出控制信号。现代数控系统通常是一台带有专门系统软件的计算机系统，开放式数控系统就是将计算机配以数控系统软件构成的。

图4-4为华中HNC-818BM数控系统，该系列产品是全数字总线式高档数控装置，采用模块化、开放式体系结构，基于具有自主知识产权的NCUC工业现场总线技术。支持总线式全数字伺服驱动单元和绝对值式伺服电机，支持总线式远程I/O单元，集成手持单元接

口，采用电子盘程序存储方式，支持 CF 卡、USB、以太网等程序扩展和数据交换功能。采用 10.4" LED 液晶显示屏。主要应用于全功能数控铣床、铣削中心。

2）伺服系统

伺服系统是数控机床的执行机构，也称为驱动系统，由驱动和执行两大部分组成，包括位置控制单元、速度控制单元、执行电动机和测量反馈单元等部分。其主要作用是实现数控机床的进给伺服控制和主轴伺服控制。它接收数控系统发出的各种指令信息，经功率放大后，按照指令信息的要求控制机床运动部件的进给速度、方向和位移。在伺服系统中，常用的位移执行机构有步进电动机、液压马达、直流伺服电动机和交流伺服电动机，伺服电动机均带有光电编码器等位置检测元件（见图 4-5）。数控机床的伺服系统要有好的快速响应和灵敏而准确的指令跟踪功能。

图 4-4 华中 HNC-818BM 数控系统

图 4-5 伺服驱动器与伺服电动机

3）机床本体

机床本体是实现切削加工的主体，对加工过程起支撑作用。数控机床的精度、精度保持性、刚性、抗振性、低速运动平稳性、热稳定性等主要性能均取决于机床本体。数控机床的机械部件包括：主运动部件如主轴部件、进给运动执行部件如工作台、拖板及其传动部件以及作为机床基础和框架的床身、立柱等支承部件，此外还有冷却、润滑、转位和夹紧等辅助装置。对于加工中心类的数控机床，还有存放刀具的刀库、自动换刀装置（Automatic Tool Changer，ATC）等部件。数控机床的机械部件的组成与普通机床相似，但传动结构要求更为简单，在精度、刚度、抗振性等方面要求更高，而且其传动和变速系统要便于实现自动控制。

图 4-6 滚珠丝杠螺母副

与传统机床相比，数控机床的本体结构发生了很大的变化，数控机床普遍采用滚珠丝杠、滚动导轨，传动效率更高（见图 4-6）；现代数控机床减少了齿轮的使用数量，传动系统更简单。数控机床可根据自动化程度、可靠性要求和特殊功能需要，选用各种类型的刀具破损监控系统、机床与工件精度检测系统、补偿装置和其他附件等。

2. 数控机床的特点

随着科学技术和市场经济的不断发展，对机械产品的质量、生产率和新产品开发周期提出了越来越高的要求。数控机床正是为了满足这些要求应运而生的。

数控机床问世以来发展迅速，并逐渐为各国的生产组织和管理者所接受，这是与数控机床在加工过程中表现出来的特点分不开的。数控机床具有以下特点：

1）自动化程度高

数控机床是柔性自动化加工设备，是制造装备数字化的主角，是计算机辅助制造（Computer Aided Manufacturing，CAM）、柔性制造系统（Flexible Manufacturing System，FMS）、计算机集成制造系统（Computer Integrated Manufacturing System，CIMS）等柔性自动化制造系统的重要底层设备。数控机床按数控加工程序自动进行加工，可以精确计算加工工时、预测生产周期，所用工装简单，采用刀具已标准化，因此有利于生产管理的信息化。

2）高柔性

数控机床灵活、通用，可以适应加工不同形状的工件，可完成钻孔、镗孔、铰孔、攻丝、铣平面、铣槽、曲面加工、螺纹加工等多种操作。一般情况下，可以在一次装夹中完成所需的加工工序。若加工对象改变，只须改变相应的加工程序、修改工件装夹方式、更换刀具即可，特别适合于多品种、小批量和变化快的生产要求。

3）高精度

数控机床本体强度、刚度、抗振性、低速运动平稳性、精度、热稳定性等性能均很好，具有各种误差补偿功能，机械传动链很短，且采用闭环或半闭环反馈控制，因此本身即具有较高的加工精度。数控机床的加工过程自动完成，减少了人为因素的影响，因此加工零件的尺寸一致性好，合格率高，质量稳定。

4）高效率

数控机床主运动速度和进给运动速度范围大且可以无级调速，空行程速度高，结构刚性好，驱动功率大，可选择最佳切削用量或进行高速高强力切削，与传统机床相比切削时间明显缩短。另外，采用数控加工可免去划线、手工换刀、停机测量、多次装夹等加工准备和辅助时间，从而明显提高数控机床的生产效率。

5）大大减轻了操作者的劳动强度

数控机床上的零件加工是根据加工前编制好的程序自动完成的。在零件加工过程中，操作者只需完成装卸工件、装刀对刀、操作键盘、启动加工、加工过程监视、工件质量检验等工作，不需要进行繁重的重复性手工操作，因此劳动强度低，劳动条件明显改善。

6）易于与计算机网络相连

现代数控机床正向智能化、开放化、网络化方向发展，可将工艺参数自动生成、刀具破损监控、刀具智能管理、故障诊断专家系统、远程故障诊断与维修等功能集成到数控系统中，并可在计算机网络和数据库技术支持下将多台数控机床集成为柔性自动化制造系统，为企业制造信息化奠定底层基础。

7）初期投资大

数控机床的价格一般是普通机床的若干倍，机床备件、刀具价格高，初期投资大。另外，数控机床需要进行编程、程序调试和试切削，对工人技术要求高，人工成本相对较高。

4.2.3 数控机床的分类

数控机床的分类有多种方式。

1. 按工艺用途分类

按金属切削机床的机械加工方式，数控机床可分为数控钻床、车床、铣床、磨床、齿轮加工机床等，数控车削中心如图 4-7 所示。

图 4-7 数控车削中心

特种加工机床有数控电火花、数控线切割、激光快速成形机、数控等离子切割、火焰切割等，电火花线切割机床如图 4-8 所示。

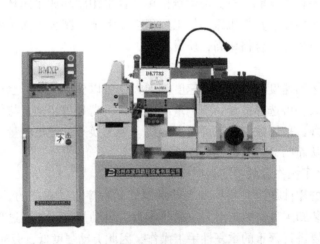

图 4-8 电火花线切割机床

冲压机床、点焊机等也都采用数字控制。加工中心（Machining Center，MC）是带有刀库及自动换刀装置的数控机床，它可以在一台机床上实现多种加工（见图 4-9）。工件只需一次装夹，就可以完成多种加工，既节省了工时，又提高了加工精度。加工中心特别适用于箱体类和壳类零件的加工。车削中心可以完成所有回转体零件的加工。

2. 按运动轨迹分类

按数控机床运动轨迹的控制方式可将数控机床分成点位控制、点位直线控制和轮廓控制三类。

1）点位控制数控机床

点位控制数控机床（Point to Point Control, PTP），是指在刀具运动时，只控制刀具相对于工件位移的准确性，不考虑两点间的路径。在机床加工平面内，刀具从某一点运动到另一点的精确坐标位置，对两点之间的运动轨迹原则上不加以控制，且在运动过程中不作任何加工。典型的点位控制数控机床有数控钻床、数控镗床、数控冲床等。这类机床不需要进行插补运算，基本要求是定位精度、定位时间和移动速度，对运动轨迹无精度要求。为了精确定位和提高定位速度，运动开始时，移动部件

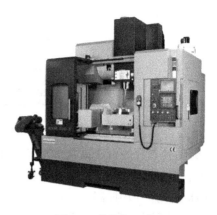

图4-9　数控加工中心

首先高速运动，在到达定位终点前减速以实现慢速接近定位点并最终实现准确定位。

2）点位直线控制数控机床

点位直线控制的数控机床（Straight Line Control or Paraxial Control），是要求在点位准确控制的基础上，还要保证刀具运动是一条直线，因此又简称为直线控制的数控机床。这类数控机床不仅可以控制刀具或工作台由一个位置点到另一个位置点的精确坐标位置，还可以控制它们以指定的速度沿着平行于某一坐标轴方向作直线运动，并在移动的过程中进行加工。这类数控机床也可控制刀具或工作台两个坐标同时以相同的速度运动，从而加工出与坐标轴成45°的斜线。典型的点位直线控制的数控机床如简单的具有外圆、端面及45°锥面加工的数控车床，一般用于加工矩形和台阶形零件。

3）轮廓控制

轮廓控制（Contour Control）（也称为连续控制）是对两个或更多的坐标运动进行控制，也就是多坐标联动。此类机床的特点是，不仅要求刀具从一点精确地运动到另一点，而且要能控制两点之间的运动轨迹以及轨迹上每一点的运动速度，而且能够边移动边切削。既要保证尺寸的精度，还要保证形状的精度。在运动过程中，同时向两个或两个以上的坐标轴分配脉冲，使它们能走出所要求的形状来，这就是插补运算。典型的连续控制数控机床有数控车床、数控铣床、加工中心等。这类机床用于加工二维平面轮廓或三维空间轮廓。这类机床的数控系统带有插补器，以精确实现各种曲线或曲面。能进行连续控制的数控机床，一般也能进行点位控制和点位直线控制。

3. 按伺服系统控制方式分类

按伺服系统控制方式，数控机床可以分为开环、半闭环和闭环控制的数控机床。

1）开环控制数控机床

开环控制是无位置反馈装置的一种控制方法，其伺服系统多由步进电机或液压转矩放大器组成，部件的移动速度和位移量是由输入脉冲的频率和脉冲数决定的。开环数控机床的精度取决于步进电动机的传动精度以及变速机构、丝杠等机械传动部件的精度。

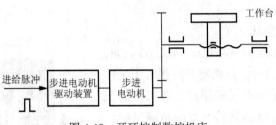

图 4-10　开环控制数控机床

开环控制数控机床结构简单、系统稳定、容易调试、成本低，但由于没有位置反馈，系统对移动部件的误差没有补偿和校正，所以精度低。经济型数控机床或经数控化改造的旧机床多采用开环控制。

2）闭环控制数控机床

闭环控制是对机床运动部件的实际位置用直线位置传感装置进行检测，再把实际测量出的位置反馈给数控装置，数控系统将其与输入指令比较，计算出误差，然后把这个差值放大变换，最后驱动工作台向减少误差的方向移动，直到差值符合精度位置，闭环控制数控机床的示意如图 4-11 所示。

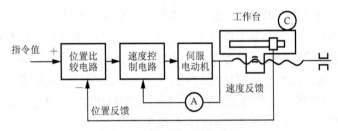

图 4-11　闭环控制数控机床

闭环控制数控机床有位置和速度检测装置，直线位移检测装置一般直接装在机床移动部件如工作台上，将测量的结果直接反馈到数控装置中，与输入指令进行比较，控制移动部件按照指令要求运动，最终实现精确定位。因为机床工作台被纳入了位置控制环，故称为闭环控制系统。

闭环控制数控机床的伺服系统多采用交流或直流伺服驱动和交流或直流伺服电机组成。与伺服电机同轴刚性连接的测速器件，随时检测电机转速并反馈至数控系统，再与速度指令信号比较，以控制电机的转速。这种系统定位精度高、调节速度快。但这种系统调试困难，系统复杂并且成本高，故仅适用于精度要求很高的数控机床，如精密数控镗铣床、超精密数控车床等。

3）半闭环控制数控机床

半闭环控制数控机床也有位置和速度的检测装置，但是一般把角位移检测装置安装在丝杠上，再把测得的角位移换算为移动部件的位移，并反馈到数控系统中。由于惯性较大的机床移动部件不包括在控制环中，因而称为半闭环控制系统，半闭环控制数控机床的示意如图 4-12 所示。

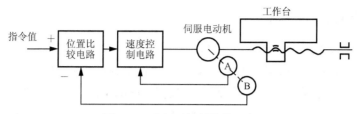

图 4-12　半闭环控制数控机床

由于半闭环控制系统控制环路内不包括机械传动环节，因此可获得稳定的控制特性。另外，机械传动环节的误差可用误差补偿的办法消除，因此可获得满意的精度。半闭环控制数控机床精度较高，安装调试方便，广泛应用于各种数控机床中。

4. 按联动坐标轴数分类

按联动坐标轴数目的不同，数控机床还可分成两坐标、三坐标、四坐标、五坐标等数控机床。

数控机床的坐标系一般采用标准的右手定则直角坐标系，也称为笛卡儿坐标系，相互垂直的三个空间方向为 X、Y、Z 轴，若有旋转轴，则规定绕 X、Y、Z 轴的旋转轴为 A、B、C 轴，其方向为右手螺旋方向。

1）两轴联动数控机床

主要用于三轴或以上数控机床，其 X、Y、Z 三个轴中，任意两轴可做联动插补，第三轴不能联动，但可做单独的周期进给，常称为 2.5 轴联动。

在数控机床上，常用行切法加工三维曲面，行切法加工所用刀具通常是球头铣刀，球头铣刀加工曲面时不易出现相邻表面干涉，计算简单。为了降低加工表面粗糙度、增加刀具刚性、增强刀具散热能力，球头铣刀的半径应尽可能选得大一点，但刀头半径应小于曲面的最小曲率半径。2.5 轴加工的刀具轨迹为平面曲线，因此编程计算简单，数控逻辑装置也不复杂，因此常用于曲率半径变化不大的曲面加工，或用于精度要求不高的粗加工。

2）三轴联动数控机床

三轴联动数控机床的 X、Y、Z 三轴可同时进行插补联动。三轴联动的刀具轨迹可以是平面曲线或空间曲线。三坐标联动加工常用于复杂曲面的精加工，编程计算较为复杂，数控装置也必须具备三轴联动计算能力。

3）四轴联动数控机床

四轴联动数控机床在同时控制 X、Y、Z 三个直线坐标轴联动的同时，还要加上工作台的转动或是刀头的一个摆角转动，即 A、B、C 三个轴其中之一。绕 X 轴的转动为 A 轴，绕 Y 轴的转动为 B 轴，绕 Z 轴的转动为 C 轴。四轴联动的编程计算较为复杂。

4）五轴联动数控机床

五轴联动数控机床除控制 X、Y、Z 三个直线坐标联动之外，还要同时控制绕这些直线轴旋转的 A、B、C 坐标轴中的两个坐标，也就是说，要同时控制五个坐标轴联动。五轴联动的灵活性更高，可以把刀具定位在空间的任意位置。五轴联动常用来加工螺旋桨叶片等复杂空间曲面。五轴联动的数控编程计算很复杂，程序往往很长。

4.2.4 数控机床的坐标系

数控机床的坐标系统包括坐标系、坐标原点和运动方向，在数控加工与编程中十分重要。数控程序编制者和数控机床操作者，必须对数控机床的坐标系有一个清晰的认识。为了规范数控编程，国际标准化组织（ISO）对数控机床的坐标系作出了明确的规定。

在编写数控加工程序过程中，为了确定刀具与工件的相对位置，必须通过机床参考点和坐标系描述刀具的运动轨迹。在 ISO 标准中，数控机床坐标轴和运动方向的设定均已标准化，我国原机械工业部颁布的 JB/T 3051 标准与 ISO 标准等效，可以参阅其中对数控机床坐标和运动方向命名的相关内容。

机床坐标系是数控机床上固有的坐标系，它是机床加工运动的基本坐标系，是考察刀具在机床上实际运动位置的重要参照。对于一台具体的机床来说，或者是刀具移动工作台不动，或者是刀具不动而工作台移动，但不论是刀具运动还是工作台运动，机床坐标系永远假定是刀具相对于静止的工件运动，运动的正方向是工件与刀具之间距离增大的方向。

标准的笛卡儿坐标系是一个右手直角坐标系。拇指指向 X 轴正方向，食指指向 Y 轴正方向，中指指向 Z 轴正向。一般情况下，主轴的方向是 Z 坐标，而工作台的两个运动方向分别为 X 坐标和 Y 坐标。旋转方向按右手螺旋法则规定，四指顺着轴的旋转方向，拇指与坐标轴同方向为轴的正旋转，反之为轴的反旋转，用 A、B、C 分别代表围绕 X、Y、Z 三个坐标轴的旋转方向。

确定数控机床坐标轴时，首先确定 Z 轴，Z 轴表示传递切削动力的主轴，而 X 轴平行于工件的装夹平面，一般取水平位置，根据右手直角坐标系的规定，确定了 X 和 Z 坐标轴的方向之后，自然能确定 Y 轴的方向。数控机床的坐标系如图 4-13 所示。

1）车床坐标系

如图 4-14 所示，Z 坐标轴与车床的主轴同轴线，刀具横向运动方向为 X 坐标轴的方向，旋转方向 C 表示主轴的正转。

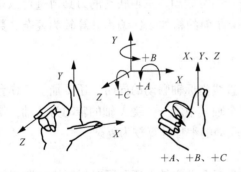

图 4-13　数控机床的坐标系

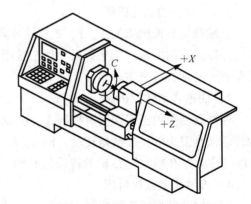

图 4-14　数控车床的坐标系

2）立式铣床坐标系

如图 4-15 所示，Z 坐标轴与立式铣床的直立主轴同轴线，面对主轴，向右为 X 坐标轴的正方向，再根据右手直角坐标系的规定可以确定 Y 坐标轴的方向朝前。

3）卧式铣床坐标系

如图 4-16 所示，Z 坐标轴与卧式铣床的水平主轴同轴线，面对主轴，向左为 X 坐标轴的正方向，根据右手直角坐标系的规定确定 Y 坐标轴的方向朝上。

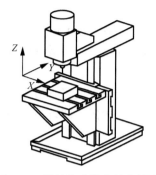

图 4-15　数控立式铣床的坐标系

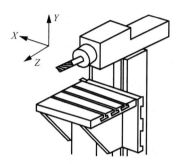

图 4-16　数控卧式铣床的坐标系

4.2.5　数控系统的主要功能

数控装置能够控制进给系统、主轴系统、刀具系统、夹具系统等各种不同的控制对象。数控系统的功能分为基本功能和选择功能。

基本功能是数控系统必备的功能，比如控制功能、准备功能、插补功能、进给功能、主轴功能、辅助功能、刀具功能、字符显示功能和自诊断功能等。

选择功能是供用户选择的功能，如补偿功能、固定循环功能、通信功能和人机对话编程功能等，用户根据不同机床的特点和用途选择这些功能。

1．基本功能

1）控制功能

控制功能是指数控系统装置控制各运动轴的功能，能控制的轴数越多、能同时控制的轴数（即联动轴数）越多，则控制系统的功能越强。运动轴有移动轴和回转轴、基本轴和附加轴。一般数控车床只须同时控制 X 和 Z 两个移动轴；数控铣床、镗床及加工中心等需要有 3 个或 3 个以上的运动轴；加工空间曲面的数控机床需要 3 个以上的联动轴。能控制的轴数越多，数控系统就越复杂，数控程序也越难编制。

2）准备功能

准备功能用来说明机床的动作方式，也称 G 功能，包括基本移动、程序暂停、平面选择、坐标设定、刀具补偿、基准点返回、固定循环、公英制设定等指令。它用字母 G 和其后的两位数字表示。ISO 标准中准备功能有 G00 至 G99 共 100 种。

3）插补功能

数控系统的插补分为两个步骤，粗插补和精插补，粗插补由软件实现，精插补由硬件实现。先由软件算出每一个插补周期应走的线段长度，也就是粗插补，再由硬件完成线段长度上的一个个脉冲当量逼近，即精插补。由于数控系统控制加工轨迹的实时性很强，插补计算程序应尽可能采用较少的指令，以提高计算速度，采用粗精二级插补能满足数控机床高速度和高分辨率两方面的要求。

4）进给功能

进给功能用 F 指令直接指定各轴的进给速度。

（1）切削进给速度。以每分钟进给量的形式指定刀具切削速度，用字母 F 和其后的数字指定。单位为 mm/min。

（2）同步进给速度。以主轴每转进给量规定的进给速度，单位为 mm/r。

（3）快速进给速度。数控系统的快速进给速度通过参数设定，G00 指令按设定的速度执行快速移动，还可用操作面板上的倍率修调开关调整速度。

（4）进给倍率。机床操作面板上设置了进给倍率开关，倍率一般可在 0~200% 之间变化，每档间隔为 10%。使用进给倍率开关不用修改程序中的 F 代码，即可改变机床的进给速度。

5）主轴功能

主轴功能用来设定主轴转速，用字母 S 和其后的数值表示，单位为 r/min 或 mm/min。主轴转向用 M03 和 M04 指定，M03 为主轴正转，M04 为主轴反转。机床操作面板上设置主轴倍率开关，不修改程序就可以改变主轴转速。

6）辅助功能

辅助功能是用来启/停主轴、设定主轴转向、开关冷却液、自动换刀等的功能，用字母 M 和其后的两位数字表示。在 ISO 标准中辅助功能有 M00 至 M99，共 100 种。

7）刀具功能

刀具功能是用来选择刀具的功能，用字母 T 和其后的 2 位或 4 位数字表示。

8）字符图形显示功能

数控系统可配单色或彩色的 CRT 或液晶显示器，通过软件和接口实现字符和图形显示。可以显示程序、参数、补偿值、坐标位置、故障信息、人机对话编程菜单、零件图形等。

9）自诊断功能

数控系统中设置了故障诊断程序，可以预防故障的发生或防止故障扩大。在故障出现后便于迅速查明故障类型及部位，减少故障停机时间。不同的数控系统诊断程序的设置不同，可以设置在系统程序中，在系统运行过程中进行检查和诊断；也可作为服务程序，在系统运行前或故障停机后诊断故障的部位；还可以进行远程通信实现远程故障诊断。

2. 选择功能

1）补偿功能

在加工过程中，由于刀具磨损或更换刀具，或是机械传动中的丝杠螺距误差和反向间隙等，导致实际加工出的零件尺寸与程序设定的尺寸不同，产生加工误差。数控系统的补偿功能是把刀具长度或半径的补偿量、螺距误差和反向间隙误差的补偿量输入其存储器，数控系统可以根据补偿量重新计算刀具运动轨迹和坐标尺寸，从而加工出符合要求的零件。

2）固定循环功能

在数控加工中，有些典型工序，如钻孔、镗孔、深孔钻削、攻螺纹等，需要完成的动作十分典型，将这些典型动作预先编好程序并存储在内存中，用 G 代码指令形式进行调用，形成固定循环。采用固定循环功能极大地简化程序编制。

3）通信功能

数控系统通常具有通信接口，如 RS-232C 等，有的还配置 DNC 接口，可以连接多种输入输出设备，实现程序和参数的输入、输出与存储。有的数控系统可以通过制造自动化协议（MAP）接入工厂的通信网络，以适应 FMS、CIMS 的要求。

4）人机对话编程功能

有的数控系统可以根据蓝图直接编程，程序员只需输入表示图样上几何尺寸的简单命令，就能自动地计算出全部交点、切点和圆心坐标，生成加工程序。有的数控系统可以根据引导图和说明显示进行对话式编程。有的数控系统还支持用户宏程序，允许用户编写满足特定要求的宏程序，使用时由零件主程序调入，宏程序可以反复使用。

4.2.6 数控加工编程

数控编程分为手工编程和自动编程两种方式。手工编程包括零件图样分析、工艺分析、数值计算、编写程序单、程序校核等步骤，全部过程均由手工完成。手工编程只适用于零件形状不太复杂、程序较短的情况，对于形状复杂的零件，比如带有样条曲线和样条曲面的零件，或是零件形状虽然不太复杂，但加工步骤复杂程序很长，比较适合采用自动编程，由计算机自动生成数控加工程序，并进行计算机仿真校验。

自动编程可以从零件的设计模型直接获得数控加工程序，其主要任务是计算走刀过程中的刀位点（Cutter Location，CL），从而生成 CL 数据文件，再经后处理（Post Processing）生成 NC 文件。采用自动编程技术可以帮助人们解决复杂零件的数控加工编程问题，大部分工作由计算机来完成，编程效率大大提高，许多手工编程无法解决的复杂形状零件可以由自动编程处理。

1. 工件坐标系和工件原点的选择

工件坐标系是为了编程方便，由程序员在零件图样上设置的，其原点叫做工件原点或编程原点。与机床坐标系不同，工件坐标系是由程序员根据习惯或零件的工艺特点自行设定的。

工件坐标系的设置主要考虑工件形状、工件在机床上的装夹方法以及刀具加工轨迹计算是否方便等因素，一般以工件图样上某一固定点为原点，按平行于各装夹定位面设置各坐标轴，按工件坐标系中的尺寸计算刀具加工轨迹并编程。

加工时，当工件装夹定位后，通过对刀和坐标系偏置等操作建立起工件坐标系与机床坐标系的关系，确定工件坐标系在机床坐标系中的位置。

数控装置则根据两个坐标系的相互关系将加工程序中的工件坐标系坐标转换成机床坐标系坐标，并按机床坐标系的坐标对刀具的运动轨迹进行控制。

采用工件坐标系进行编程时，可以不考虑加工时所采用的具体机床的坐标系及工件在机床上的装夹位置，为程序员带来很大方便。

选择工件原点的一般原则如下：

（1）工件原点尽量选在零件的设计基准上；

（2）工件原点尽可能选在尺寸精度高、表面粗糙度低的工件表面上；

（3）对于结构对称的零件，工件原点应选在工件的对称中心上；

（4）工件原点应选在方便坐标计算的位置，以减小编程误差；

（5）工件原点的选择应使对刀和测量方便。

2. 绝对坐标和增量坐标

绝对坐标是指刀具运动轨迹上所有点的坐标值，均从某一固定坐标原点即工件原点计量。增量坐标系又称相对坐标系，是指刀具运动轨迹的坐标是相对于本次运动的起点计量。

在编程时要根据零件的加工精度要求及编程方便与否来选用绝对坐标和增量坐标，用标准数控代码 G90 说明采用绝对坐标，G91 为采用增量坐标。

在同一数控加工程序中可用绝对坐标编程，也可用增量坐标编程，还可以在不同的程序段中交替使用绝对坐标和增量坐标。

3. 数控加工程序格式

（1）程序号。每一个完整的程序都有一个编号，以便在数控系统中查找、调用。程序号由地址符和编号数字组成，如 O0001，O 为地址符，0001 为程序编号。

（2）程序段。程序段是数控加工程序的主要组成部分。每一个程序是由若干个程序段组成的，每一个程序段由程序字（或叫指令字）组成，程序字由地址符和参数组成。每个程序段前冠以程序段号。

例如，N10G01X20Y-15F80

这个程序段由五个程序字组成，N10 为程序段编号，也成为行号，G01 为直线插补指令，X10 表示 X 轴坐标，Y-15 为 Y 轴坐标，F80 指定进给量。

（3）程序结束。每一个程序必须有程序结束指令，程序结束一般用辅助功能代码 M02 或 M30 来表示。

下面是一个完整而简单的数控加工程序示例：

```
O0004
N10G50X10.0Z8.0S800
N20T0100M42
N30G96S200M03
N40G00X0.5Z0.1T0101
N50G01Z-0.4F0.008
N60X0.8
N70T0100
N80G28X0.9Z0.1M05
N90M30
```

4.3 工业机器人

4.3.1 简介

当今世界，市场竞争日趋激烈，公司必须生产出各种既物美价廉又能满足个性化需求的产品以满足这样的挑战。随着经济发展水平的提高，人工成本日益上升，越来越多的公司开始从传统的劳动密集型企业转向自动化和计算机集成制造，其中工业机器人技术扮演着不可或缺的角色。

美国机器人协会对机器人的定义为"机器人是可重复编程的多功能机械手，通过可变的程序控制运动来搬运物料、零件、工具或专用装置，以完成各种任务"。

工业机器人的应用始于20世纪50年代，当时美国研制出了遥控机械手用来处理放射性废料。20世纪60年代初，美国制造出第一台工业机器人，但受到经济条件和硬件技术的限制，昂贵的机器人难以大规模应用。20世纪70年代，微处理器技术迅速发展，同时，美国工人的工资迅速增加，人力成本上升，人们意识到，对于那些重复性的操作，机器人比人做得更好，也更经济。20世纪80年代机器人技术开始逐步在制造领域普及。

如今机器人技术更加成熟可靠，大量的工业机器人用于汽车、电子设备的制造过程。据统计，在发达国家，约有55%的工业机器人用于汽车制造业。机器人通常用于装配生产线，完成通常由熟练工人才能完成的任务，其工作内容包括搬移零件、焊接、零部件装配位置定位等。另外，机器人逐渐被应用于铸造、锻压、冲压、喷漆、表面处理、注塑、机床的上料与卸料等领域。

在生产制造领域使用机器人具有以下突出优点：

（1）提高生产率；

（2）降低人工费用；

（3）替代人类在有害环境工作；

（4）灵活性高；

（5）缩短交货时间；

（6）提高企业竞争力。

4.3.2 工业机器人的结构

工业机器人的基本部件包括操作机、控制器和动力系统，机器人多采用微型计算机作为控制和存储装置，装有外部传感器，如视觉传感器、力传感器、触觉传感器等。

1. 操作机

操作机也称为机械手，由臂部和腕部组成，安装在起支撑作用的台座上。机器人的臂和腕部能够运动到的地方称为机器人的工作空间。根据其机械结构，机器人分为以下几种类型。

1）直角坐标机器人

直角坐标机器人也称为笛卡儿坐标机器人，如图4-17所示。这种机器人能够实现沿三个相互垂直的直线方向的平移运动，其工作空间为一个空间长方体。

2）圆柱坐标机器人

这种机器人可以作两个相互垂直的直线平移运动和一个绕基座的旋转运动，其工作空间为一个圆柱，如图4-18所示。

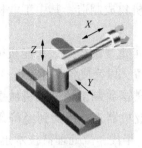

图 4-17　直角坐标机器人　　　　　　图 4-18　圆柱坐标机器人

3）球坐标机器人

球坐标机器人有两个旋转运动和一个平移运动，如图 4-19 所示。这种机器人质量轻、关节移动距离短，其直线轴的伸缩范围决定了其球型工作空间的半径。

4）关节型机器人

关节型机器人如图 4-20 所示，这种机器人利用一系列类似于人的手臂的旋转运动进行工作，关节机器人的灵活性很高。

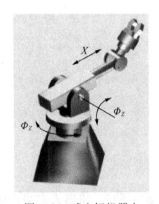

图 4-19　球坐标机器人　　　　　　图 4-20　关节型机器人

2. 控制器

控制器是机器人的大脑。控制器的基本功能是根据位置和方向控制末端执行器的运动。控制器将信号发送给操作机的执行器和控制机构，使机械手完成任务。

根据控制器的控制方式，可将机器人分为两类：

1）点位控制机器人

点位控制机器人多用于抓放操作。点位控制机器人的自由度一般不超过 6 个，可以用程序控制它们在几个位置上停留，但不能指定程控点之间的运动路径。点位控制机器人一般采用开环控制，价格相对低廉。这种机器人的优点是操作速度快、准确性高、可靠性好，缺点是只能完成有限的工作。

2）连续路径控制机器人

这种机器人的运动控制非常复杂，当给出一些中间点后，由计算机利用数学工具（如三次样条曲线）生成光滑的路径。连续路径控制机器人一般有 6 个自由度，能够实现直线和圆弧插补运动以及连续路径运动。

3. 动力部分

有三种类型的动力源可以作为机器人的动力，即电气驱动、气压驱动和液压驱动。各自特点如下：

1）电气驱动

机器人使用的两种主要电机是直流伺服电机和步进电动机。这些直流电机体积小、提供的扭矩大、准确可靠。

步进电动机价格低廉，常用于比较简单的机器人。直流伺服电动机价格较高，但随着费用的降低和技术的进步，将成为机器人的主要动力源。

电气驱动费用低、占用空间小、精度高、重复性好，而且便于维护，因此采用电气驱动的机器人数量最多。

2）气压驱动

与其他驱动方式相比，气压驱动设计简单、费用便宜，主要用于较为简单的抓放、快速装配等机器人应用中。但由于空气是可压缩流体，因此此类机器人难以定位和控制，准确性较低、重复精度差、噪声大。

3）液压驱动

液压驱动是早期机器人的主要动力源。液压驱动可以用最小的体积产生最大的动力，速度高、功重比大、设计简单、性能优良，但占用的空间较大，维护费用高。

4.3.3 工业机器人编程

1. 编程方式

有两种机器人编程方式：联机编程和脱机编程。

1）联机编程

联机编程又称为"示教"，在示教模式中，操作者手动引导机器人完成期望的运动顺序，随着机器人完成所希望的运动，相应的数据和信息由控制器记录下来。示教编程是最常用的机器人编程方法，常用于喷漆、弧焊和其他运动轨迹复杂的操作。

示教编程时，操作者抓住机械手并引导它完成对应的任务或运动，编程时可以控制机器人的工作速度，是编程工作安全地进行。与此同时，操作者可以协调机器人与其他相关设备之间的运动，避免碰撞或干涉。

示教编程不需要专门的技术，可以轻松快速地完成，重复的程序序列被存储起来，以便以后调用。示教编程唯一的缺点是比较耗时。点位控制机器人最常使用示教编程。

2）脱机编程

脱机编程即使用专用的编程语言对机器人进行编程，编程过程中不需要机器人的参与。采用编程语言减少了机器人的停工时间。与联机编程不同，脱机编程要求编程员具有编写程序的能力以及基于机器人传感器的运动策略设计能力。

开发适用于所有机器人的通用编程系统还存在许多困难，大量的研究集中在脱机编程方法及其实现方式上。

当前应用比较广泛的脱机编程语言有 VAL、SIGLA、AML 等。

2. 编程语言

许多大学和科研机构致力于开发用于机器人运动控制的高级编程语言。1961 年麻省理工学院的 Heinrich A. Ernst 开发出"机器手翻译器"，简称 MHI，这是第一个机器人编程语言。1973 年 Silver 在麻省理工学院开发出 MINI 程序。1977 年 R. F. Paul 在斯坦福人工智能实验室开发出 WAVE 通用编程语言。此后，很多科研机构和企业又开发出很多种机器人编程语言。

1）机器人语言的特点

机器人的编程控制需要使用专用的机器人程序设计语言，而一般不使用普通计算机程序设计语言，原因如下：

（1）机器人的控制涉及大量算法（运动学、动力学、控制等），在机器人语言中可以用专门的控制指令进行处理，使用户摆脱了烦琐算法的约束，能在更高层次上操作机器人；

（2）机器人操作的物体是在三维空间中，有许多不同的物理特性，而普通计算机语言没有提供对三维物体的描述方法；

（3）机器人是在一个复杂的空间环境中工作，必须使用传感信息进行监控，这在机器人语言中也可用专门的指令来处理，方便了用户的使用。

1986 年，北大西洋公约组织（NATO）的一个工作小组对机器人语言作了如下定义："机器人程序设计语言是程序员能够表达期望的机器人操作和有关活动的工具"。这表明机器人语言不仅能够表达机器人的运动，而且能够与用户、机器人控制系统、传感器、几何模型系统、规划系统和知识系统等连接。

现有的机器人语言可以分为两大类：

（1）机器人级语言（面向机器人的语言）。在这类语言中，机器人执行的任务被描述为机器人运动的序列，程序的每个语句相当于一个机器人动作，整个程序引导和控制机器人完成任务。现有的大多数机器人语言都属于这一类，如 AML、HELP 和 VAL 语言等；

（2）任务级语言（面向对象的语言）。在这类语言中，机器人执行的任务被描述为机器人操作对象的位置目标系列，而不是机器人为完成这些目标所需的运动，因此它没有明确规定机器人的动作。这类语言为数不多，其代表有 AUTOPASS、RAPT 和 LAMA 语言等。

2）机器人级语言的组成

机器人级语言的组成如下：

（1）位置说明。使用语言提供的数据结构定义物体的位置和特性。在装配操作中，机器人和零件被限制在良好定义的工作空间中，装配的状态可以用机器人和零件的现行位置和姿态来描述。通常采用直角坐标系描述物体的位置和姿态，可以表示成 4×4 的齐次变换矩阵；

（2）运动说明。通常用一系列机器人要达到的位置目标来说明，不仅需要说明初始状态和终止状态，为了避免碰撞，还应说明路径上足够的中间点。此外，还需说明运动的速度和加速度以及接近和离开物体的方向等；

（3）传感和控制流程：工作空间中物体的位置和尺寸具有不确定性，因此需要使用传感信息作为环境反馈，使机器人能够检验装配的现状。通常使用的传感信息有三种：位置传感、力和触觉传感以及视觉传感，一般使用传感命令来处理。此外机器人程序的流程通常由传感器信息控制，大多数语言都提供了一般的判定结构，如 if-then-else、case、do-until、while-do 等；

（4）程序设计支持。提供必要的程序开发和调试功能，主要包括：在线修改、跟踪传感器输出和仿真。

3）任务级语言的组成

这类语言类似于人工智能中的自动程序生成。允许用户使用高级语言描述任务（任务说明），系统的任务规划程序通过查询数据库（环境模型），将任务说明转换为机器人级语言程序（程序合成），然后执行之，具体执行如下：

（1）环境模型。用于描述物体（包括机器人）的几何和物理特性，以及工作空间中物体的状态；

（2）任务说明。任务被描述成工作空间中物体状态的序列，物体状态可以用物体之间的空间关系表示，通常用定义了语法和语义的高级语言来描述；

（3）程序合成。首先将任务说明转换为可用的形式，得到一个由物体状态组成的集合，再根据物体的几何和物理特性，规划机器人的运动，从而产生机器人级程序。这里的一个重要问题是如何规划无碰撞运动。

目前，任务级机器人语言还处于实验研究阶段，有许多问题尚未解决，但这是一种很有前途的机器人语言。

现有的绝大多数机器人语言都是以某种普通计算机程序设计语言为基础。这对机器人语言的发展极为重要，因为这些普通计算机程序设计语言具有较完善的结构，使机器人语言不必开发基本的数据结构和程序结构，易于语言标准化，并提高了语言的可移植性。

4.3.4　工业机器人的传感系统

传感器主要是用来提高机器人的智能程度。没有传感器，机器人就不能对其工作环境的任何变化做出响应。例如，利用传感器，即使物体放置在不同的位置，抓取机器人仍然能自己找到它。如果机器人抓取装置的运动路径中有障碍，机器人可以自动躲避。

配有传感器的机器人具有一定程度的人工智能，它允许机器人通过实时判断来改变其动作方式，从而能适应环境的变化。这种实时判断是以传感器接收到的信息为基础的。这样的机器人称为"智能"机器人。

机器人传感系统监视并解释在工作环境中发生的事件。从环境中接收到的反馈会使机器人按顺序做出反应，因而能够完成其目标。数据采集系统将来自传感器的数据反馈到机器人的控制算法中，该算法进而激活执行器来驱动机器人。利用特殊的算法，周期性地对传感器进行采样，可以监视关节的位置、速度、加速度以及夹紧力的大小。

1. 机器人传感器的分类

机器人传感器大致可分成两类：内部传感器和外部传感器。

1）内部传感器

内部传感器用来监测机器人内部构件的运动参数，如速度、加速度、应力等参数，从而判断机器人自身当前的姿态。内部传感器可以是直线传感器（用于测量位移），也可以是角度传感器（用于测量旋转角度）。

2）外部传感器

外部传感器让机器人可以判断出环境的情况。外部传感器有接触式传感器和非接触式传感器两类。

外部传感器通常由以下传感器组成：

（1）触觉传感器或接触传感器

（2）接近传感器

（3）力反馈装置

（4）视觉传感器

2. 视 觉 系 统

机器人的视觉系统包括摄像机及与之相连的视觉处理器。视觉处理器能够将图像数字化并处理所采集的数字信息。视觉处理器要分析图像、识别对象并判断对象的状态。视觉系统主要用于装配、质量检测、零件分类及检验等。它可以筛选出不合格的零件，还能检测零件是否存在。

机器人传感器在机器人的控制中起到了非常重要的作用，正因为有了传感器，机器人才具备了类似人类的知觉功能和反应能力。

本章小结

本章主要介绍数控技术的发展历程，数控机床的组成、特点与分类，数控机床坐标系相关基本知识，介绍了数控系统的基本功能和数控编程的基本知识。还介绍了工业机器人的特点、分类和相关术语，以及机器人编程的相关概念。

习　题

4-1　简述数控机床的基本组成。

4-2　零件数控加工程序编制的方式有哪些？

4-3　简述数控机床的分类方法。

4-4　根据进给伺服装置类型数控机床分为哪几类？各有何特点？

4-5　如何确定机床坐标系？

4-6　什么是工件坐标系？工件坐标原点的选择原则是什么？

4-7　工业机器人的定义是什么？

4-8　工业机器人由哪几部分组成？比较其与数控机床组成的区别？

4-9　如何选择和确定机器人的坐标系？

4-10　机器人的自由度表示什么？它与数控机床的轴数和原动件数是否相等？

第 5 章　机械工程技术的新发展

5.1　增材制造与 3D 打印

5.1.1　概述

增材制造（Additive Manufacturing，AM）技术是通过 CAD 设计数据采用材料逐层累加的方法制造实体零件的技术，相对于传统的材料去除（切削加工）技术，是一种"自下而上"材料累加的制造方法。自 20 世纪 80 年代末增材制造技术逐步发展，期间也被称为"材料累加制造"（Material Increase Manufacturing）、"快速原型"（Rapid Prototyping）、"分层制造"（Layered Manufacturing）、"实体自由制造"（Solid Free-form Fabrication）、"3D 打印技术"（3D Printing）等。名称各异的叫法分别从不同侧面表达了该制造技术的特点。

美国材料与试验协会（ASTM）F42 国际委员会对增材制造和 3D 打印有明确的概念定义。增材制造是依据三维 CAD 数据将材料连接制作物体的过程，相对于减法制造，它通常是逐层累加过程。3D 打印是指采用打印头、喷嘴或其他打印技术沉积材料来制造物体的技术，3D 打印也常用来表示"增材制造"技术，在特指设备时，3D 打印是指相对价格或总体功能低端的增材制造设备。

增材制造技术不需要传统的刀具、夹具及多道加工工序，利用三维设计数据在一台设备上可快速而精确地制造出任意复杂形状的零件，从而实现"自由制造"，解决了许多过去难以制造的复杂结构零件的成形，并减少了加工工序，缩短了加工周期。而且越是复杂结构的产品，其制造的快速作用越显著。

5.1.2　增材制造技术

1. 增材制造技术的分类与特点

自 20 世纪 80 年代美国出现第一台商用光固化成形机后，至今近 30 年内增材制造得到了快速发展。较成熟的技术主要有以下 4 种：光固化成形（Stereo Lithography，SL）、叠层实体制造（Laminated Object Manufacturing，LOM）、选择性激光烧结（Selective Laser Sintering，SLS）和熔丝沉积成形（Fused Deposition Modeling，FDM）。这些方法逐渐向低成本、高精度、多材料方面发展。

SL 工艺的具体过程：树脂槽中盛满液态光固化树脂，紫外激光器按照各层截面信息进行逐点扫描，被扫描的区域固化形成零件的一个薄层。当一层固化后，工作台下移一个层厚，在固化好的树脂表面浇注一层新的液态树脂，并利用刮板将树脂刮平，然后进行新一层的扫描和固化，如此重复，直至原型构造完成。SL 工艺的特点是精度高、表面质量好，能制造形状复杂、特别精细的零件，不足是设备和材料昂贵，制造过程中需要设计支撑，加工环境气味重等问题。

LOM 的层面信息通过每一层的轮廓来表示，激光扫描器的动作由这些轮廓信息控制，它采用的材料是具有厚度信息的片材。这种加工方法只需加工轮廓信息，所以可以达到很高的加工速度，但材料的范围很窄，每层厚度不可调整是最大缺点。

SLS 工艺利用高能量激光束在粉末层表面按照截面扫描，粉末被烧结相互连接，形成一定形状的截面。当一层截面烧结完后，工作台下降一层厚度，铺上一层新的粉末，继续新一层的烧结。通过层层叠加，去除未烧结粉末，即可得到最终三维实体。SLS 的特点是成形材料广泛，理论上只要将材料制成粉末即可成形。另外，SLS 成形过程中，粉床充当自然支撑，可成形悬臂、内空等其他工艺难成形的结构。但是，SLS 技术需要价格较为昂贵的激光器和光路系统，成本较其他方法高，一定程度上限制了该技术的应用范围。

FDM 是将电能转换为热能，使丝状塑料在挤出喷头前达到熔融状态。由计算机控制喷头移动，根据截面轮廓信息，使熔融塑料成形一定形状的二维截面。通过层层叠加，形成塑料三维实体。FDM 无须价格昂贵的激光器和光路系统，成本较低，易于推广。但是，该方法成形材料限制较大，并且成形精度相对较低，是限制该技术发展的主要问题。

随着增材制造技术工艺和设备的成熟，新材料、新工艺的出现，该技术由快速原型阶段进入快速制造和普及化新阶段，最显著地体现在金属零件直接快速制造以及桌面型 3D 打印设备。

目前，真正直接制造金属零件的增材制造技术有基于同轴送粉的激光近形制造（Laser Engineering Net Shaping，LENS）技术和基于粉末床的选择性激光熔化（Selective Laser Melting，SLM）和电子束熔化技术（Electron Beam Melting，EBM）技术三种。LENS 技术能直接制造出大尺寸的金属零件毛坯；SLM 和 EBM 可制造复杂精细的金属零件。

由于系统成本较高、材料特殊以及操作复杂，目前增材制造技术主要应用于科研和工业应用。随着桌面型 3D 打印技术（Three-dimensional Printing，3DP）的产生和应用，增材制造技术的应用范围得到了极大扩展。

2. 增材制造的应用

增材制造技术自 20 世纪 80 年代后期诞生以来，在大范围的工业领域内产生了重大的影响，带来了各种前所未有的新颖应用。许多行业因为增材制造技术的引入而受益，如汽车、航空航天、消费品、医疗和牙科应用。

2011 年增材制造的市场规模增加了 29%，预期到 2015 年市场规模可增至 35 亿美元，到 2019 年可进一步增加到 65 亿美元。新增系统最快的是中国，从 2010 年的 6.5% 的安装基数增长到了 2011 年的 8.6%。增材制造的最大用户是消费品/电子产品行业，占 20.3%，接下来是汽车制造商，占 19.5%。医疗及牙医位于第三位，占用户总数的 15.1%。

增材制造技术在零件直接生产方面的应用增长最快，从 2010 年的 14.9% 到 2011 年的 19.2%。这种快速增长尤其体现在更多公司开始采用增材制造技术作为最终零件的生产手段，突显了其应用的深入。另一个较大的应用领域是功能零件的制造。

增材制造技术应用于各种各样的行业，包括航空航天、汽车、医疗、工装夹、珠宝首饰、个性化设计产品、体育、建筑、音乐产业、电影产业、赛车和消费类产品，等等。

1）航空航天

经过数年的研发，增材制造技术已经在航空航天领域有了广泛的应用。飞机制造商现在已经开始把增材制造技术直接制造的零件用在了军用或民用飞机上。报道最多的应用是由波音开发并安装于 F-18 战斗机的环境风道。该环境风道是采用尼龙材料进行选择激光烧结而成的，如图 5-1 所示。而在此之前，该零件是采用注塑模工艺制成的，然后这些组件被粘合或由紧固件结合在一起。这就造成了最终需要 20 个零件进行组装才能够获得一个完整的部件。采用增材制造系统可实现复杂几何结构的一体化成形，消除了采用注塑模成形过程中对模具的需求，进而由于需要更少的连接和密封，从而减少了维修保养的需求。

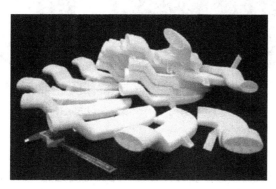

图 5-1　F18 战斗机中采用尼龙材料进行选择激光烧结而成的环境风道

增材制造技术在飞机上的另外一个应用是仪表零件。采用由 Stratasys 开发的熔融沉积工艺进行飞机仪表罩的制造。该系统使用聚醚酰亚胺作为原材料，满足了产品对毒性、烟、火等方面必要的要求。与传统的加工工艺相比，增材制造技术无需模具，节省了大量加工时间与成本。采用 Fortus 900mc 系统，500 个零件在 3 天时间内由单个制造周期便能生产出来，而采用过去的聚氨酯浇注工艺，则需要 3~4 周的时间。

2）汽车工业

一直以来，汽车工业是增材制造技术最大的应用领域。全世界的许多公司已经采用增材制造技术制造产品原型来进行产品设计验证、功能测试和系列化生产。汽车工业对零件性能的要求没有航空航天工业领域严苛，这就使得采用增材制造技术生产出的部件可以直接用于测试和生产。

加拿大一家汽车生产厂商 KOR Ecologic，制造了一款新型的环保汽车（见图 5-2）。该汽车是第一个由增材制造技术制造的具有完整车身的原型。该油电混合动力车的车身是由 Stratasys 公司研发的熔融沉积技术制造的。

英国宾利汽车采用选择性激光烧结工艺制造定制化的仪表盘。因有些顾客得了中风，身体一侧功能部分缺失，使得其对仪表盘有特殊的定制化需求。英国拉夫堡大学的增材制造研究小组对此开展了研究，项目需要重新设计仪表盘，新设计完成后，采用尼龙为原材料由选择性激光烧结工艺制造而成（见图 5-3）。重新设计出的底盘由皮革覆盖，上表面仍采用宾利公司的标准工艺覆上木纹，最终获得的仪表盘面板在外观和性能上达到了原来零件的水平。增材工艺的应用减少了制造时间和人工成本，并且保证了设计人员在不降低产品质量的情况下能够完全自由地进行设计。

图 5-2　KOR Ecologic 公司采用增材制造工艺制造的车身　　图 5-3　拉夫堡大学采用尼龙选择激光烧结工艺制造的汽车仪表盘

3）工艺装备

许多工艺装备可由三维打印技术制造，例如夹具、量具、钻/铆钉导架、校准工具和导架、母模和原型、金属浇注模型等。尼龙选择性激光烧结工艺制造轻巧的符合人体工程学的工具，较之传统制造方法快速又省钱。该方法适于制造具有复杂表面和结构的零件。

德国汽车制造商宝马公司，经常使用熔融沉积成形工艺制造符合人体工程学设计的产品夹具，这些工具的性能比由传统方法生产的更好。其中一个例子（见图 5-4），比传统方法减重72%，对于需要反复提举夹具的操作员来说这大大减轻了工作量。由于制造工艺的灵活性，还可以设计各种不同于传统设计的夹具。

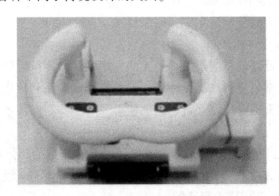

图 5-4　产品夹具

4）医疗

医疗行业从增材制造技术获益匪浅。在人工假体领域，如臀部，膝盖和颌面部等的假体植入手术，采用增材制造技术可以制造定制化假体，从而满足病人的个性化需求。减少了病人的手术前准备时间，还可以使术前的手术计划更加充分。医疗方面的另一个应用是手术夹具，其中一个例子是如图 5-5 所示的颅骨钻模。

增材制造技术在康复医疗方面也有应用，利用 Stratasys 公司的熔融沉积工艺为一个两岁女孩制作了威尔明顿机器人外骨骼。威尔明顿机器人外骨骼的原始设计和制造方法对于一个小孩来说太大太重，所以设计师一起工作了许多年来解决这个问题。他们决定重新设计框架并用 Stratasys 三维打印技术来制造（见图 5-6）。该工艺也保证了随着孩子长大所需的持续性改进设计和部件制造。

图 5-5　颅骨钻模

图 5-6　辅助康复用体外骨骼

5）运动

在提高运动员的表现方面有很多使用 3D 打印的例子。总部位于美国的伯顿滑雪板，使用三维打印为他们一系列的滑雪板来设计和试验新的固定器，并且使用该技术为他们的比赛队伍来设计和制造定制化的固定器。英国队为其残疾人篮球队开发了特殊定制的轮椅座椅（见图 5-7），并采用三维打印的工艺制造出来。这项研究是拉夫堡大学体育技术研究所受英国体育基金和欧洲物理科学研究委员会资助展开的。每一个座椅都是考虑了每个运动员的残疾特点，旨在提高在球场上的可操作性、速度和加速度来设计的。每个组员通过扫描全身来获得其生物力学运动特征和坐姿。利用获得的数据生成每一个运动员的座椅 CAD 数据。然后采用选择性激光烧结技术进行制造，所得座椅比传统的座椅要轻 1kg。这使运动员表现得更好，并允许他们更快地绕场跑动和接球。

图 5-7　轮椅座椅

3. 国内增材制造技术的发展现状

我国增材制造技术的发展自 20 世纪 90 年代初开始，西安交通大学、清华大学、华中科技大学、北京隆源公司等在典型的成形设备、软件、材料等方面研究和产业化方面获得了重大进展，接近国外产品水平。

随后国内许多高校和研究机构也开展了相关研究，重点在金属成形方面开展研究，如西北工业大学、北京航空航天大学、南京航空航天大学、上海交通大学、大连理工大学、中北大学、中国工程物理研究院等单位都在做探索性的研究和应用工作。其中西安交通大学开展光固化快速成形、金属熔覆成形、生物组织制造、陶瓷光固化成形研究，建立了快速制造国家工程研究中心，该中心与山东大学合作成立了山东大学增材制造研究中心，共同开展增材制造技术的研发和推广应用工作；华中科技大学开展了叠层制造、激光选取烧结、金属烧结等技术研究；清华大学开展了多功能快速成形设备、熔融沉积制造设备、电子束制造设备、生物打印技术研究；北京隆源公司开展了激光选取烧结设备研究；北京航空航天大学和西北工业大学开展了金属熔成形技术研究，中航 625 所开展了电子束成形制造研究，华南理工大学开展了激光金属烧结技术研究。

1）汽车、摩托车行业的应用

增材制造技术与现有的精密铸造工艺相结合，对一些任务急、时间紧的单件小批量熔模精密铸件的生产，相比传统的精密铸件生产周期减少 60%。同时，对于单件、小批量熔模精密铸件的生产可以不用模具，从而节省大量模具加工费用，大大缩短生产周期，而且也使铸造车间精密铸造水平得到提高。图 5-8 为与精密铸造结合制造出的铝合金汽车和摩托车零部件。

图 5-8　与精密铸造结合得到的铝合金汽车零部件（384.8 mm×399.2 mm×140.4 mm）

2）C919 飞机大型复杂薄壁钛合金结构件整体成形

目前，民用飞机越来越多地采用大型整体薄壁钛合金结构件，采用整体锻造等传统方法来制造这类零件，成形技术难度大，材料利用率仅为 5%～10% 左右，零件加工去除量大、数控加工时间长、生产周期长、制造成本很高。

图 5-9 是西北工业大学激光立体成形 C919 大飞机翼肋 TC4 上、下缘条构件，该类零件尺寸达 450 mm×350 mm×3 000 mm，成形后经长时间放置的最大变形量小于 1 mm，静载力学性能的稳定性优于 1%，疲劳性能也优于同类锻件的性能。

图 5-9　激光立体成形 C919 大飞机翼肋缘条（左：上缘条；右：下缘条）

3）免装配机构的 SLM 制造

采用 SLM 技术，结合数字化设计和装配可直接制造出一定间隙量的免装配结构，能够保证装配精度，省去后续工序。图 5-10 为几种典型的免装配机构直接成形例子，可以看出其成形后可以自由摆动。

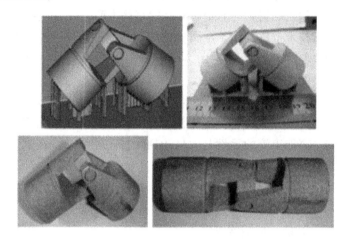

图 5-10　SLM 直接成形免装配机构

5.1.3　广义增材制造技术

增材制造技术的异军突起，融合了计算机辅助设计/制造技术（CAD/CAM）和高能束流材料加工与成形（Power Beam Processes）等技术，为创新驱动制造增添了新的方向，显现出新的科技发展大趋势。增材制造在引领设计/制造/材料三位一体发展模式的转型中，在提升自主创新能力，整合制造、设计、材料等资源，促进产业结构调整升级，已展现出强劲的驱动力。

1. 增材与减材概念的联想

"增材" 是相对于 "减材" 而言的。在大自然界，若把燕子喜鹊筑巢形象地比喻为增添材料的 "制造"，而蚂蚁田鼠扒穴钻窟则可比喻为减除材料的 "制造"；在人类构建居所活动中，砌砖盖房可比喻为增材制造，而掘凿窑洞则可比喻为减材制造。

在现代机械工程与材料加工成形中，制造技术就其物理概念而言，也可分为两大类：增材制造技术和减材制造技术。我们已经习以为常地用电焊条手工堆焊就是最原始的金属增材制造方法，而金属铣切加工则是减材制造的典型例子。

2. 广义增材制造的内涵

传统的金属铣削/切除减材制造的劣势在于：需用模具制坯，留有加工余量；去除余量铣切工作量大，材料有效利用率低；制造周期长，成本高。

不同于传统材料铣削/切除的减材制造，增材制造是采用高能束流（电子束、激光束）或其他能源，借助于 CAD/CAM 技术将材料（丝、粉、块体）熔敷沉积或组焊，逐步累积形成实体构件的制造方法。

增材制造用于金属材料，可以直接生产出近净成形的零件，是一种柔性制造技术；与锻铸相比，无须模具；减少铣切加工，节省原材料；降低成本，缩短制造周期，也是快速反应的敏捷制造；同时，通过调控丝材、粉材的成分和成形热过程工艺参数及后处理，还可以获得性能优良、组织致密的实体构件。

除金属材料外，增材制造对材料的适应性极为广泛。早在 20 世纪 70 年代，激光立体原型制造就已用于塑料和光敏树脂等非金属制品的直接生产；近 20 年来，把激光立体原型制造和电子束快速成形技术推进到用于金属构件的直接制造，是一个跨越，正引领着机械工程中新制造技术产业群的发展；最近 10 年来，增材制造技术在生物（有机材料）模型制造领域又有了突破性的进展。

在过去 20 年间，金属增材制造技术得以迅猛发展的技术基础是高能束流（电子束、激光束）作为特种热源的技术进步；高能束流极具柔性，其能量可精确控制，可聚焦、长焦距、可扫描、偏转；高能束流的柔性与 CAD/CAM 技术相结合，在真空室内或惰性气体保护的环境中，向聚焦加热区填送金属丝材或铺送金属粉料，使材料逐层熔化、凝固堆积，构成了无模具的快速近净成形，或称"金属直接成形增材制造技术"。

广义增材制造所采用能源的多样性在于，除激光束和电子束外，还有化学能、电能（电弧等）、电化学能、光能、机械能等。

图 5-11 所示为广义增材制造的技术内涵，包括了上述各类方法、所采用的能源、适用的材料范畴（金属、非金属、生物）等。

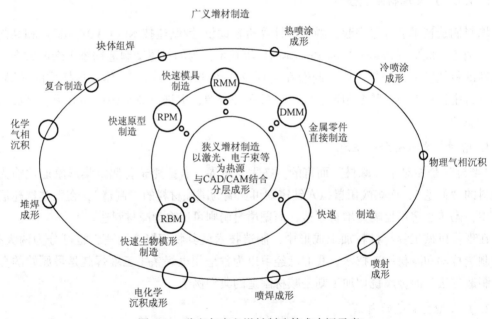

图 5-11　狭义与广义增材制造技术内涵示意

图 5-11 中间的圆圈核心显示的是狭义增材制造——以激光、电子束等为热源与 CAD/CAM 结合，分层成形，增材制造。狭义增材制造涵盖金属直接成形制造、快速模具制造、快速原型制造、快速生物模型制造等。图 5-11 的外围椭圆显示的是广义增材制造，也包含核心部位给出的狭义增材制造；广义增材制造展现了不同类型能源的贡献：电弧、等离子体、电化学沉积、物理气相沉积、复合制造，尤以利用机械能（如摩擦热）实现块体组焊

的固态增材制造为特征。

图 5-12 是从三个技术层面对广义增材制造进行了分类。

1）以材料类别可划分为金属构件、非金属制品、生物模型的直接成形制造；

2）在第二层面给出的是增材制造方法，如：熔化沉积、气相沉积、块体组焊、液相沉积、光固化等；

3）底层展现的是可采用的能源：电能、机械能、化学能、光能等。

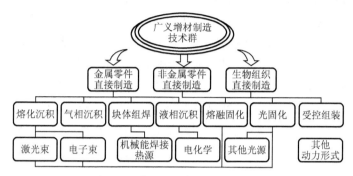

图 5-12　广义增材制造的技术分类

3. 广义增材制造进展案例

采用激光焊或搅拌摩擦焊将挤压型材筋条组焊在蒙皮上，用块体组焊方法制造飞机带筋整体壁板，替代传统预拉伸厚板铣切加工的减材制造；相比之下，带筋整体壁板的块体组焊制造可以使原材料的利用率从 10% 提高到 95%，从而大幅度地降低了铣切加工工时，缩短制造周期，降低成本，满足新型飞机研制的快速反应制造。这类带筋整体壁板的工程化批量生产，在我国其他产业如航天、造船、高速列车等部门获得了显著的技术经济效益。

图 5-13 是广义增材制造的另一类，基于块体组焊固态增材制造技术的典型实例，采用线性摩擦焊制造航空发动机整体叶盘。

（a）传统装配结构　　　　　　　　（b）整体叶盘结构

图 5-13　线性摩擦焊增材制造整体叶盘

高性能航空发动机为提高推重比，必须减轻自身的重量，最有效的途径之一就是把压气机叶片与盘的榫头[见图 5-13（a）]连接改为焊接，整体叶盘可减重 50%[见图 5-13（b）]。

相对于由整体锻坯数控加工的减材制造而言，采用线性摩擦焊制造整体叶盘是增材制造，可大幅度降低铣切加工，节材、节时，降低成本，还可实现空心叶片的叶盘制造。

5.1.4　3D打印

1. 三维打印的历史回顾

三维打印（Three Dimensional Printing，TDP 或 3DP）是美国麻省理工学院（MIT）在20 世纪 90 年代发明的一种快速成形技术，准确地说，应该是增量叠层制造（Additive Layered Manufacturing，ALM）技术。创意提出伊始，就树立了可以制作任何结构（Any Composition）、任何材料（Any Material）和任何几何形状（Any Geometry）实物的愿景。

3DP 的工作原理类似喷墨打印机，不过喷出的不是墨水，而是黏结剂、液态的蜡、塑料或树脂。按照喷出的材料不同，可以分为黏结剂打印、熔融蜡打印和熔融塑料涂覆（FDM）。如果把打印头换成激光头，激光烧结（SLS）、光固化树脂（SLA）和激光熔融（SLM）也可以视为三维打印的特例，所以广义的三维打印一词包含了大多数增量叠层制造技术。

三维打印既与从毛坯上去除多余材料的切削加工方法完全不同，也与借助模具锻压、冲压、铸造和注射等强制材料成形的工艺迥然有异，是一种"增量"成形技术。具体成形过程是根据三维 CAD 模型，经过格式转换后，对零件进行分层切片，得到各层截面的两维轮廓形状。按照这些轮廓形状，用喷射源选择性地喷射一层层的黏结剂或热熔性材料，或用激光束选择性地固化一层层的液态光敏树脂，或烧结一层层的粉末材料，形成每一层截面两维的平面轮廓形状，然后再一层层叠加成三维立体零件。

增量叠层制造的先驱是美国人 Chuck Hull，1983 年他发明了借助光敏树脂固化叠层制作实体的方法，数年后付诸了工业应用，创建了 3D Systems 公司，开创了直接数字制造的时代。随之，先后出现了 FDM、SLS 和 3DP 等几十种不同的增量叠层制造方法。

30 年来，增量叠层制造技术有了巨大的进步。增量叠层制造不仅仅局限于制作原型，还可以制造出可用的功能产品；不仅可以制造塑料产品，还可以制造金属产品；不仅可用于航空航天，也可进入千家万户；不仅可制作现代艺术品，也可用来高仿真复制古董；不仅可以制造身外之物，还可以制造人体植入物，甚至人体器官；不仅可以制造用品，还可以盖房子、制作蛋糕和牛排，等等。

2. 三维打印的优势和技术突破

1）三维打印的特点和优势

三维打印是一种直接数字化制造（Direct Digital Manufacturing），从三维实体 CAD 模型，可直接制造出产品，而不仅是零件，减少或省略了毛坯准备、零件加工和装配等中间工序，且无须昂贵的刀具或模具。

三维打印制造的是完全定制的、个性化的独特产品，可做到仅此一件，百分之百地按照订单制造。同时，在没有售出之前，是以数字形式储存在计算机里，无须仓库。

三维打印的产品在没有售出之前是用数字发运的，仅是 CAD 文件在互联网上传输，费用极微。三维打印不仅是按需制造，而且是"就地"制造（Local Manufacturing），即在使用地点制造，或在你家里制造，虚拟运输大大节约、甚至舍弃了物流成本。

三维打印可以最大限度地发挥材料的特性，只把材料放在有用的地方，减少材料的浪费。传统的制造方法往往由于难以加工，产品的结构大多并不合理。采用三维打印无需考虑产品的工艺性，结构和形状是否复杂对三维打印来说不重要。这给设计师提供了无限的创造空间和创意遐想。

2）价格突破

福特发明了流水线，使T型车的售价降到950美元，从而使汽车进入了家庭，拉开了大量生产方式的序幕。今天，一台数千元PC的性能可与30年前上千万元的计算中心相当，所以PC无所不在。新技术往往只有在价格下降千百倍以后，才能得到真正普及。

10年前，三维打印机售价为数万到数十万美元，今天，如图5-14所示的家用三维打印机Replictor仅需1749美元，供家庭打印玩具、摆设、装饰品、家庭用具和各种业余爱好物品。在未来3~5年内，家用三维打印机完全有可能降到300~500美元。

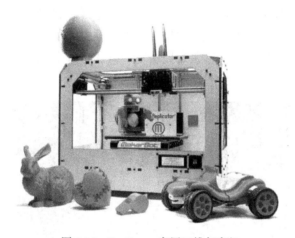

图 5-14　Replicator 家用三维打印机

3）材料突破

过去，三维打印大多仅能打印树脂或塑料一类的软材料。今天，不仅可以打印钛合金一类的高强度材料，还可以打印陶瓷和玻璃，甚至打印混凝土制品、食品和生物细胞。欧洲航天和防务公司创新工作组研发的三维打印出来的钛合金飞机起落架零件与传统工艺制造同样功能的零件比较如图5-15所示。从图中可见，零件的结构设计更加合理、重量更轻、材料更节省。对航空航天产品来说，每减少1kg，都将带来产品性能的极大提高和巨大的经济效益。

3. 遍及各行各业的应用

1）家居和生活用品

一种新技术如果能够进入家庭，无疑其市场前景就是巨大的。由于没有制造过程的限制，设计师可以充分发挥想象力和创造力，设计出独一无二的艺术品、灯饰、家具、首饰，使家庭充满个性化的艺术氛围。另外，借助于家用三维打印机自己可以随时打印所需的日常用品，包括鞋子、发夹、首饰、玩具等，大大增加了生活的方便性和趣味性。

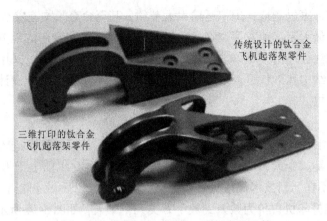

图 5-15　传统制造工艺与三维打印的比较

2）可运行的机械

借助于三维打印不仅可以制作固定不动的产品，还可以制作有相互运动机构或部件的物体，如轴承、啮合齿轮或其他机构。EADS 英国公司的创新工作组为了验证其实用性，制作了第一辆全部由高强度尼龙粉末激光烧结三维打印部件合成、可以骑的自行车，命名为 AirBike，如图 5-16 所示。

图 5-16　EADS 制作的 AirBike

3）混凝土打印和房屋快速建造

在建筑领域，三维打印除用于制作复杂的、大型的、超现代创意的建筑模型外，还可用于房屋的快速直接建造。美国南加州大学和英国拉夫堡大学对陶瓷制品和混凝土构件三维打印进行了多年研究，并已用于房屋的快速建造。

图 5-17 所示为南加州大学的三维打印房屋原理及其在巴基斯坦地震救灾时的应用案例。从图中可见，龙门架可在拟建房屋的两侧轨道上行走，横梁上有横向和上下移动的混凝土"打印头"，一层层打印出中空结构的墙壁。不仅可以打印直线墙壁，还可以打印任意弧线的墙体或抗震的拱形结构。建造的速度很快，一天就能够打印一幢小楼。

4. 三维打印的局限和未来发展

三维打印仍然是处于成长过程的技术，还不够成熟，目前主要用于个性化的单件生产。三维打印的主要局限如下：

（1）三维打印与塑料注射机等成熟的大批量成形技术相比生产成本过高。与传统切削

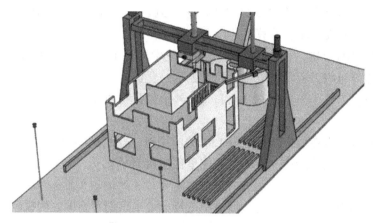

图 5-17　房屋三维打印及其原理

加工技术相比，产品的尺寸精度和表面质量相距较大。成本和质量是新技术普及的第一道关口。

（2）材料的可选择范围可能是最大的障碍，目前可以用于三维打印的材料不超过 100 种，而在工业中应用的材料可能已经超过 10000 种，且三维打印材料的物理性能尚有待于提高。

（3）三维设计技术的普及关系到 3DP 进入家庭。市场正在呼唤孩子们能够操作和喜爱的软件，打印物品要成为新一代计算机游戏，引起孩子的兴趣，发挥儿童的创造性，才能有无限光明的未来。

三维打印之所以受到人们如此重视，焦点并非这项技术的本身，而是它可能引发的社会和经济变革。

三维打印能够改变商务模式的潜在能力是，一家公司可具备快速提供价格合理而又符合个性需求物品的能力，无需拥有已经制造出来而没有售出的物品仓库，实现真正意义上的零库存。只有接到订单和收到付款以后才进行就地及时制造，几乎没有经营风险。唯一的风险仅仅在于产品设计的时间和费用，而非产品的运输和库存。三维打印的优势还在于将产品设计与产品制造分离成为不同的行业。三维打印产品的设计和制造可以极其方便地分别外包给不同的公司。例如，设计师可委托三维打印公司制造、发运他的作品，收集客户的反应。反之，用户可以向设计公司购买设计，从网上下载所喜爱产品的 CAD 文件，在自己家里打印或委托专业公司打印。

这样的愿景要成为生活中的普遍现实，必须克服三维打印产品目前存在的成本、精度和强度的局限。三维打印的材料的价格目前是传统材料的 10 倍，甚至 100 倍。目前三维打印产品的尺寸精度是 0.1 mm，要达到微米级还有很长的路要走。

5.1.5　发展趋势

增材制造以其制造原理的优势成为具有巨大发展潜力的制造技术，它代表着制造技术发展的趋势。随着材料适用范围增大和制造精度的提高，增材制造技术将给制造技术带来革命性的发展。目前增材制造年直接产值17.1亿美元，仅占全球制造业市场0.02%，但是其间接作用和未来前景难以估量。增材制造优势在于制造周期短、适合单件个性化需求、大型薄壁件制造、钛合金等难加工易热成形零件制造、结构复杂零件制造，在航空航天、医疗等领域，产品开发阶段，计算机外设发展和创新教育上具有广阔的发展空间。

增材制造技术的应用，为许多新产业和新技术的发展提供了快速响应制造技术。例如，在生物假体与组织工程上的应用，为人工定制化假体制造、三维组织支架制造提供了有效的技术手段。为汽车车型快速开发和飞机外形设计提供了快速制造技术，加快了产品设计速度。

国外增材制造技术在航空领域超过12%的应用量，而我国的应用量则非常低。增材制造技术尤其适合于航空航天产品中的零部件单件小批量的制造，与传统方法相比，具有成本低和效率高的优点，在航空发动机的空心涡轮叶片、风洞模型制造和复杂精密结构件制造方面具有巨大的应用潜力。因此，增材制造技术是实现创新型国家的锐利工具。

增材制造技术还存在许多问题，目前主要应用于产品研发还存在使用成本高（10~100元/g），制造效率低，例如金属材料成形为100~3000 g/h，制造精度尚不能令人满意。其工艺与装备研发尚不充分，尚未进入大规模工业应用。应该说目前增材制造技术是传统大批量制造技术的一个补充。任何技术都不是万能的，传统技术仍会有强劲的生命力，增材制造应该与传统技术优选、集成，会形成新的发展增长点。对于增材制造技术需要加强研发、培育产业、扩大应用，通过形成协同创新的运行机制，积极研发、科学推进，使之从产品研发工具走向批量生产模式，技术引领应用市场发展，改变我们的生活。

增材制造与3D打印技术的发展趋势大致包括以下几个方面：

1）向日常消费品制造方向发展

三维打印是国外近年来的发展热点。该设备称为三维打印机，将其作为计算机的一个外部输出设备而应用。它可以直接将计算机中的三维图形输出为三维的彩色物体。在科学教育、工业造型、产品创意、工艺美术等方面有着广泛的应用前景和巨大的商业价值。其发展方向是提高精度、降低成本和研发高性能材料。

2）向功能零件制造发展

采用激光或电子束直接熔化金属粉，逐层堆积金属，形成金属直接成形技术。该技术可以直接制造复杂结构金属功能零件，制件力学性能可以达到锻件性能指标。进一步的发展方向是提高精度和性能，同时向陶瓷零件的增材制造技术和复合材料的增材制造技术发展。

3）向智能化装备发展

目前增材制造设备在软件功能和后处理方面还有许多问题需要优化。例如，成形过程中需要加支撑，软件智能化和自动化需要进一步提高；制造过程、工艺参数与材料的匹配性需要智能化；加工完成后的粉料或支撑需要去除等问题。这些问题直接影响设备的使用和推广，设备智能化是走向普及的保证。

4）向组织与结构一体化制造发展

实现从微观组织到宏观结构的可控制造。例如在制造复合材料时，将复合材料组织设计制造与外形结构设计制造同步完成，在微观到宏观尺度上实现同步制造，实现结构体的"设计-材料-制造"一体化。支撑生物组织制造、复合材料等复杂结构零件的制造，给制造技术带来革命性发展。

5.2 纳 米 制 造

5.2.1 概述

1. 纳米制造的前瞻性和重要性

纳米技术与生物技术、信息技术并列为 21 世纪的三大科技，是 21 世纪高技术竞争的制高点，而纳米制造是支撑它们走向应用的基础。据美国国家科学基金会（NSF）预测，未来 15~20 年，全球纳米技术市场规模将达到每年 10000 亿美元左右。美国于 1998 年推出"国家纳米技术计划（NNI）"，从 2005 年起的 3 年内联邦政府对纳米科技给予 37 亿美元的资助，并将纳米制造列为重要研究领域之一。英国、法国和德国等欧洲国家每年对纳米技术的研究投入为 5~10 亿欧元，其中纳米制造业被列为重要研究领域。日本对纳米制造领域也给予了很大的投入。相比其他学科，我国在此研究领域起步不算晚，一直以来各学科领域的科学家们都致力于此综合交叉领域的研究，并有大量高水平的论文发表，使得我国在此研究领域上一直位于国际前沿。

如果说纳米科学是现代科学的前沿，而纳米制造就是将纳米科学的新发现转变为前沿制造技术。物理、化学等基础科学的研究成果以及信息技术的进步带动了纳米制造技术的发展，而纳米制造技术反过来也推动了相关学科的进一步发展。此外，生物分子马达、纳米电动机、纳米机器人、分子光电器件、纳米电路、纳米传感器、纳米智能器件和系统不断地在实验室出现，展示了诱人的应用前景。纳米制造技术是这些纳米器件走向宏观世界并得以应用的桥梁。从微电子工业的发展对其制造装备的高度依赖性，可以得出的结论是：纳米制造和检测装备是实现纳米产业化生产的先决条件，是纳米科技走向纳米制造及批量化应用的关键和基础。

如今，纳米科技已开启了一个崭新的高科技时代，而纳米级精度制造技术将成为纳米科技走向产业化应用的重要手段。中国现在已经成为一个制造大国，但并非制造强国。纳米制造为我国提供了一个重要的历史机遇，可望促使我们实现向制造强国的转变。因此，抓住机遇，在纳米制造研究领域形成优势，就有可能为我国在纳米制造时代的国际战略竞争中赢得优势提供支撑。

2. 纳米制造的定义及特征

纳米科技是一门具有多学科交叉性质，涉及内容十分广泛的综合学科领域。它主要分为三个研究领域：纳米材料、纳米器件、纳米尺度的检测与表征。其中纳米材料是纳米科技的基础；纳米器件的研制水平和应用程度是人类是否进入纳米科技时代的重要标志；纳米尺度的检测与表征是纳米科技研究不可或缺的手段和实验的重要基础。纳米科技包括纳米材料、纳米加工和纳米机械、纳米生物与医药、纳米电子与器件等方向。其中纳米加工和纳米机械方向的研究归纳衍生出一个新的学科，即纳米制造科学技术。美国国家科学基金会将纳米制造定义为：纳米制造技术是构建适用于跨尺度（纳/微/宏）集成的、可提供具有待定功能的产品和服务的纳米尺度（包括 1 维、2 维和 3 维）的结构、特征、器件和系统的制造过程。它包括"自上而下"和"自下而上"两种制造过程。纳米制造技术的对象是，各类微纳器件，其在微传感器、微执行器、微处理电路及智能化等器件上得以体现。

纳米制造已远远超出了常规制造的理论和技术范畴，相关技术的发展依赖于新的科学原理和理论基础，依赖于多学科交叉融合。纳米制造将从牛顿力学、宏观统计分析和工程经验为主要特征的传统制造技术，走向基于现代多学科综合交叉集成的先进制造科学与技术。其主要特征有以下几点：

(1) 制造对象与过程涉及跨（纳/微/宏）尺度；

(2) 制造过程中界面/表面效应占主导作用；

(3) 制造过程中原子/分子行为及量子效应影响显著；

(4) 制造装备中微扰动的影响显著。

3. 纳米制造对制造科学和制造技术的推动作用

纳米制造科学与技术是一门研究特征尺度在纳米并具有特定功能器件与系统的设计与制造的综合交叉学科，研究内容涉及纳米器件与系统的设计、加工、测试、封装与装备等。它将传统的制造学科与基础学科（例如数学、物理、化学、生命科学和材料科学等）的前沿研究紧密地结合在一起，成为一门应用性基础理论学科，同时也为其他工程学科提供了强有力的技术支撑，成为了引领工程应用发展的前沿技术之一。

纳米制造技术的发展使制造对象由宏观进入到微观，这不仅大大拓宽了制造技术的尺度范围，开辟了新的领域，大幅度提升了制造的精度和质量，同时也将发展新的制造理论和方法，对促进学科交叉起到积极的推动作用，使制造科学研究更为深入和完善。从面向传统的"块体制造"模式的基础理论及关键技术、工艺与装备原理的研究，逐步转向基于物理、化学、生物等效应的原子、分子尺度的微/纳制造科学的研究。总之，纳米制造是微观机理研究和宏观系统设计与控制相结合的多学科交叉融合的前沿研究领域，对国家战略产业的发展有着重要支撑和引领作用。

5.2.2 纳米制造的加工原理

纳米制造按照其所涉及的原理，可分为基于物理原理、化学原理和生物原理的纳米制造过程；而按照其加工方式可以分为自上而下（Top-Down）和自下而上（Bottom-Up）两种方式。实际上纳米制造过程往往是多种原理的混合，这也体现了纳米制造是一个多学科交叉、涉及内容十分广泛的学科领域。

1. 基于物理原理的纳米制造

1) 高能球磨法

高能球磨法是利用球磨机的转动或振动使硬球对密封在球磨罐内的原料进行强烈的撞击、研磨和搅拌，将两种以上的金属或非金属粉末的混合物粉碎成具有微细组织结构的纳米级的合金或陶瓷粉末。由于这种方法是利用机械能达到合金化而不是用热能或电能，故又称为机械合金化（Mechanical Alloying，MA）。高能球磨法是目前唯一的一种采用自上而下方式制备纳米颗粒的方法。

高能球磨法的原理是将粉末材料放在高能球磨机内进行球磨，粉体被磨球介质反复碰撞，承受冲击、剪切、摩擦和压缩多种力的作用，被重复性地挤压、变形、断裂、焊合及再挤压变形。在球磨初期，粉体很软，具有一定的塑性，粉体产生塑性变形，经冷焊合而形成复合粉。经过进一步球磨，粒子变硬，塑性下降，大的复合颗粒很容易产生裂纹，被磨球碰撞破碎。此时粒子焊合与断裂破碎的趋势平衡，粒子尺寸恒定在一个较窄的范围内，粒子表面活性增强，复合粉组织结构细化并发生扩散和固态反应而形成合金粉，高能球磨法的基本工艺过程见图5-18。高能球磨的过程比较复杂，对其机理的研究包括粉体、研磨球、研磨罐的变形，能量转化、热效应、热力学、动力学等方面。

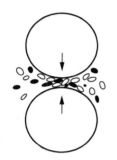 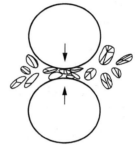

（a）颗粒在球磨过程中不断碰撞、冷焊　　（b）颗粒逐渐形成层状微观结构

图5-18　高能球磨过程示意

高能球磨法的优点：

（1）难于在高能球磨过程中引入严重的晶格畸变、高密度的缺陷及纳米级的精细结构，使得球磨过程的热力学和动力学明显不同于普通固态反应过程，具有远离平衡态的特征，因而可以制备许多在常规条件下难以获得的高熔点的金属或合金的纳米晶体材料。

（2）该方法所需的设备及工艺简单，制备出的样品产量大（可达吨级数量），易于实现工业化生产。因此，机械高能球磨法是制造纳米晶体材料非常有效而简便的方法。

2）惰性气体冷凝法

惰性气体冷凝法制备纳米粉体是目前用物理方法加工有清洁表面的纳米粉体的主要方法之一，其主要过程是：在真空蒸发室内充入低压惰性气体（He或Ar），将蒸发源加热蒸发，产生原子雾，与惰性气体原子碰撞而失去能量，凝聚形成纳米尺寸的团簇，并在液氮冷棒上聚集起来，将聚集的粉状颗粒刮下，传送至真空压实装置，在数百兆帕至几千兆帕压力下制成直径为几毫米、厚度为1~10 mm的圆片，惰性气体冷凝法装置如图5-19所示。

纳米合金可通过同时蒸发两种或数种金属物质得到，纳米氧化物则可在蒸发过程中或制得团簇后于真空室内通纯氧使之氧化得到。惰性气体冷凝法制得的纳米固体其界面成分因颗粒尺寸大小而异，一般约占整个体积的50%，其原子排列与相应的晶态和非晶态均有所不

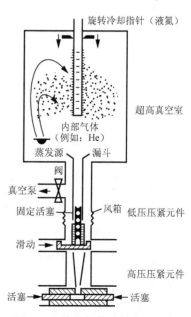

图5-19　惰性气体冷凝装置示意

同，从接近于非晶态到晶态之间过渡。因此，其性质与化学成分相同的晶态和非晶态有明显的区别。

有研究表明，使惰性气体强制性对流可以提高粉末的生产效率，有效地降低了粒子的平均尺寸，避免金属粒子在生产过程中的长大和团聚。该方法适用范围广，微粉颗粒表面洁净，块体纯度高，相对密度较大；但由于为了防止氧化，制备的整个过程是在惰性气体保护和超高真空室内进行的，设备昂贵，对制备工艺要求较高，故制备难度较大；且加上制备的固体纳米晶体材料中都不可避免地存在杂质孔隙等缺陷，从而可能影响制备的纳米材料的性能，也影响了对纳米材料结构与性能的研究。

3）物理气相沉积法

物理气相沉积（Physical Vapor Deposition，PVD）是指在真空条件下，采用低电压、大电流的电弧放电，通过利用气体放电使靶材料蒸发并使其与气体发生电离，利用电场的加速作用，使被蒸发物质及其反应产物沉积在工件上。这种方法被广泛应用于纳米薄膜的加工，主要通过在非晶薄膜晶化的过程中控制纳米结构的形成和在薄膜的成核生长过程中控制纳米结构的形成两种途径获得纳米薄膜材料，具体的制备方法包括真空蒸镀、热蒸发、电子束蒸镀、溅射、离子镀和分子束外延等。发展到目前，物理气相沉积技术不仅可沉积金属膜、合金膜、还可以沉积化合物、陶瓷、半导体、聚合物膜等。

物理气相沉积技术基本原理可分三个工艺步骤。

（1）镀料的气化：使镀料蒸发，升华或被溅射，也就是通过镀料的气化源。

（2）镀料原子、分子或离子的迁移：由气化源供出原子、分子或离子经过碰撞后，产生多种反应。

（3）镀料原子、分子或离子在基体上沉积。

物理气相沉积（PVD）镀膜技术主要分为，真空蒸发镀膜、真空溅射镀膜和真空离子镀膜三类，其优缺点比较见表 5-1。

表 5-1　PVD 各种镀膜技术比较

方法	优点	缺点
真空蒸发镀膜	工艺简单，纯度高，通过掩膜易于形成所需要的图形	蒸镀化合物时由于热分解现象难以控制组分比，低蒸气压物质难以成膜
真空溅射镀膜	附着性能好，易于保持化合物、合金的组分比	需要溅射靶，靶材需要精制，而且利用率低，不便于采用掩膜沉积
真空离子镀膜	附着性能好，化合物、合金、非金属均可成膜	装置及操作均较复杂，不便于采用掩膜沉积

近十多年来，真空离子镀膜技术的发展是最快的，它已经成为当今最先进的表面处理方式之一。我们通常所说的 PVD 镀膜，指的就是真空离子镀膜；通常所说的 PVD 镀膜机，指的也就是真空离子镀膜机。

2. 基于化学原理的纳米制造

纳米颗粒是纳米制造中最基本的纳米材料之一。气相沉积法和溶胶-凝胶法是纳米粒子合成的主要方法。因此，本节就以气相沉积法和溶胶-凝胶法为例，简单介绍一下基于化学原理的纳米制造技术。

1）化学气相沉积法

化学气相沉积（Chemical Vapor Deposition，CVD）是一种材料表面强化新技术，即在相当高的温度下，混合气体与基体的表面相互作用，使混合气体中的某些成分分解，并在基体上形成一种金属或化合物的固态薄膜或镀层。它可以利用气相间的反应，在不改变基体材料的成分和不削弱基体材料强度的条件下，赋予材料表面一些特殊的性能。图 5-20 为化学气相沉积系统示意图。

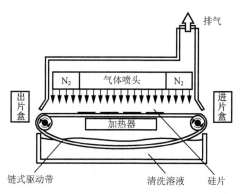

图 5-20　化学气相沉积系统示意

CVD 技术是原料气或蒸汽通过气相反应沉积出固态物质，因此把 CVD 技术用于无机合成和材料制备时具有以下特点。

（1）沉积反应如在气体固界面上发生，则沉积物将按照原有固态基底（又称为衬底）的形状包覆一层薄膜。

（2）涂层的化学成分可以随气相组成的改变而改变，从而获得梯度沉积物或得到混合镀层。

（3）采用某种基底材料，沉积物达到一定厚度以后又容易与基底分离，这样就可以得到各种特定形状的游离沉积物器具。

（4）在 CVD 技术中也可以沉积生产晶体或细粉状物质，或者使沉积反应发生在气相中而不是在基底表面上，这样得到的无机合成物质可以是很细的粉末，甚至是纳米尺度的超细粉末。

（5）CVD 工艺是在较低压力和温度下进行的，不仅用来增密碳基材料，而且还可以增强材料断裂强度和抗振性能。

化学气相沉积（CVD）技术有多种分类方法，常用的 CVD 技术主要有：常压化学气相沉积（APCVD）、低压化学气相沉积（LPCVD）和等离子体增强化学气相沉积（PECVD），其比较见表 5-2。

表 5-2　三种 CVD 方法的优缺点

沉积方式	优点	缺点
APCVD	反应器结构简单 沉积速率快 低温沉积	阶梯覆盖能力差 粒子污染

续表

沉积方式	优点	缺点
LPCVD	高纯度 阶梯覆盖能力极佳 产量高，适于大规模生产	高温沉积 低沉积速率
PECVD	低温制程 高沉积速率 阶梯覆盖性好	化学污染 粒子污染

2）溶胶-凝胶法

胶体（Colloid）是一种分散相粒子直径很小的分散体系，分散相粒子的重力可以忽略，粒子之间的相互作用主要是短程作用力。溶胶（Sol）是具有液体特征的胶体体系，分散的粒子是固体或者大分子，分散粒子的大小在 1～100nm。凝胶（Gel）是具有团体特征的胶体体系，被分散的物质形成连续的网状骨架，骨架空隙中充有液体或气体，凝胶中分散相的含量很低，一般在 1%～3%。简单地讲，溶胶-凝胶法就是用含高化学活性组分的化合物作前驱体，在液相下将这些原料均匀混合，并进行水解、缩合化学反应生成活性单体，活性单体进行聚合，在溶液中形成稳定的透明溶胶体系，溶胶经陈化胶粒间缓慢聚合，形成三维空间网络结构的凝胶，凝胶网络间充满了失去流动性的溶剂，形成凝胶。凝胶经过干燥、烧结固化制备出分子乃至纳米亚结构的材料。

溶胶-凝胶法与其他方法相比具有许多独特的优点：

（1）由于溶胶-凝胶法中所用的原料首先被分散到溶剂中而形成低黏度的溶液，因此，就可以在很短的时间内获得分子水平的均匀性，在形成凝胶时，反应物之间很可能是在分子水平上被均匀地混合。

（2）由于经过溶液反应步骤，那么就很容易均匀定量地掺入一些微量元素，实现分子水平上的均匀掺杂。

（3）与固相反应相比，化学反应将容易进行，而且仅需要较低的合成温度，一般认为溶胶-凝胶体系中组分的扩散在纳米范围内，而固相反应时组分扩散是在微米范围内，因此反应容易进行，温度较低。

（4）选择合适的条件可以制备各种新型材料。

溶胶-凝胶法也存在某些问题：

（1）目前所使用的原料价格比较昂贵，有些原料为有机物，危害健康；

（2）通常整个溶胶-凝胶过程所需时间较长，常需要几天或几周；

（3）凝胶中存在大量微孔，在干燥过程中又将会逐出许多气体及有机物，并产生收缩。

溶胶-凝胶法作为低温或温和条件下合成无机化合物或无机材料的重要方法，在软化学合成中占有重要地位，在制备玻璃、陶瓷、薄膜、纤维、复合材料等方面获得重要应用，更广泛用于制备纳米粒子。

3. 基于生物原理的纳米制造

基于生物原理的纳米制造可以应用的领域很多，如 DNA 测序、生物芯片、抗体与磁性肢体颗粒、DNA 的比色法、药物与磁性纳米颗粒和磁场构成的药物的输送系统等。

1）生物芯片

生物芯片（Biochip）是一个被固定在固体基片上，容许对许多参数同时测试，可以实现更快和更高生产能力的微型测试平台的集成。在生物芯片的发展初期，主要的研究对象是 DNA 芯片，经过近二十年的发展，生物芯片的概念已经远远超出了 DNA 的领域，DNA 芯片目前只是生物芯片中的一个小类别。

目前常见的生物芯片的分类方式有以下几种。一种是按照芯片的加工方式将其分为微流体芯片（Microfluidic Chip）和微阵列芯片（Microarray）。微流体芯片，即利用 MEMS 技术，在固相基片上刻蚀出多种微型腔和微流体管道，集成微泵、微阀、微流量传感器、微压力传感器等元件，用于化学或生物物质的分离、富集、传输、分析和检测等，将检测、分离的动力源和检测、分离的传感源集成到微流体基片上，构建芯片化的微型分析和检测仪器。微阵列型芯片，即借助于 MEMS 加工技术和固相合成技术，根据组合化学的原理，将一组分子探针固定在固相基片上，构成一探针阵列，这些生物分子（如抗原、抗体、寡核苷酸、DNA 等）能够与移动相（液相或气相）中的待测定分子进行识别并产生相互作用，从而实现对生物样品的高通量检测。第二种分类方法是按照芯片装置中包含了能主动操纵样本运动的器件（如电极等），这些器件可以产生各种作用力，包括电场力、声场力、磁力等。在这些物理力的作用下，可针对性地对细胞或分子进行操纵。它的特点是灵敏快速，特异性高，可处理大量样本。第三种分类方法源于芯片实验室（Lab-on-Chip）的思想，它将芯片按照在整个实验装置中的具体功能而划分为样品制备芯片、生物反应芯片和结果检测芯片三种。这种分类方法体现了生物实验过程中的三个主要步骤，由三种不同类型的芯片来完成。

2）纳米制造技术在药物输送、控释方面的应用

纳米药物给药系统（Nanoparticle Drug Delivery System，NDDS）是纳米技术在药物输送、控释方面的主要应用形式，它是指采用适当的药剂学技术和方法将药物与药用辅料制成粒径为 $1 \sim 1000nm$ 的胶态粒子给药系统。

与传统的微粒载药系统（Particulate Drug Carries）相比，纳米药物给药系统在药物和基因输送方面具有以下优越性。

（1）可缓释药物，从而延长药物的作用时间；

（2）可达到靶向输送的目的；

（3）可在保证药物作用的前提下，减少给药剂量，从而减轻或避免毒副作用；

（4）可提高药物的稳定性，有利于储存；

（5）可保护核苷酸，防止其被核酸酶降解；

（6）可帮助核苷酸转染细胞，起到定位作用；

（7）可用以建立一些新的给药途径。

5.2.3　纳米制造的加工技术

纳米制造加工技术主要采用三种途径：一是"自上而下"的方式；二是"自下而上"的方式；三是"自上而下"和"自下而上"的混合方式。由于纳米技术中极小特征尺寸限制了已经成熟的光刻技术和一些巧妙手法的应用，因此，如何实现工业化规模的纳米制造

加工技术，还面临诸多困难。

1. "自上而下"的方式

"自上而下"的方式起源于 1959 年美国物理学家 Richard Feynman 提出的"费因曼纳米加工方法"。该方法的基本原理就是一次又一次地削去材料的某些部分，即可得到逐渐变小后的结构。因此，"自上而下"方式的本质是对块体材料进行切割处理，得到所需的材料和结构，这与现代制造加工方法并无本质区别。采用这种方法能达到的最小特征尺度取决于所使用的工具。"自上而下"的纳米加工方式主要包括：定型机械纳米加工、磨粒纳米加工、非机械纳米加工、光刻加工和生物纳米加工等。

1）定型机械纳米加工

定型机械纳米加工（Deterministic Mechanical Nanometric Machining）采用专用刀具，可以通过刀具自身良好的表面粗糙度和刀刃精度来保证被加工工件的外形尺寸精度，最小去除量能达到 0.1 nm，如金刚石车削、微米铣削和微纳米磨削等。

2）磨粒纳米加工

磨粒加工（Loose Abrasive Nanometric Machining）是目前精密、超精密加工的主要方法，包括研磨技术、抛光技术和磨削技术。研磨加工目前不仅正向着更高的加工精度发展，而且加工质量也正在不断提高，研磨几乎可以加工任何固态材料。特别是近年来信息、光学技术的发展不仅增大了对光学零件需求量，而且对其质量、精度都提出了更高的要求，而研磨作为光学加工中一种非常重要的加工方法，起着不可替代的作用。纳米级研磨加工方法主要包括弹性发射加工、磁流变抛光、固着磨料高速研磨方法、化学机械抛光等。

3）非机械纳米加工

非机械纳米加工（Non-mechanical Nanometric Machining）包括聚焦离子束（Focused Ion Beam，FIB）加工、微米级电火花（micro-EDM）、准分子激光（Excimer Laser）加工。

聚焦离子束加工技术是利用静电透镜将离子束聚焦成非常小尺寸的显微切割技术，目前商用 FIB 系统的粒子束是从液态金属离子源中引出的。由于镓元素具有低熔点、低蒸气压以及良好的抗氧化能力，因而液态金属离子源中的金属材料多为镓。聚焦离子束系统是在离子柱顶端外加电场于液态金属离子源，可使液态金属或合金形成细小尖端，再加上负电场牵引尖端的金属或合金，从而导出离子束，然后通过静电透镜聚焦，经过一连串决定离子束的大小的可变化孔径，而后用 E×B 质量分析器筛选出所需要的离子种类，最后通过八极偏转装置及物镜将离子束聚焦在样品上并扫描，离子束轰击样品，产生的二次电子和离子被收集并成像或利用物理碰撞来实现切割或研磨。

聚焦离子束加工主要包括定点切割、选择性的材料蒸镀、强化性蚀刻或选择性蚀刻和蚀刻终点侦测等方法。目前商用机型的加工精度可以低于 25nm，但其最大的缺点是镓离子对基底的损伤和镓离子注入引起的污染。

4）光刻加工

光刻加工（Lithographic Method）是根据掩模来确定被加工产品外形，主要用于制造二维形状，在制造三维立体外形的时候受较大限制。采用光刻方法在物体上制作纳米级图案，需要大幅度提高光刻技术的分辨率。目前常用的方法有 X 射线光刻、电子束直写光刻、纳米压印光刻、极端远紫外光刻、聚焦离子束光刻、干涉光刻、原子纳米光刻等。

5）生物纳米加工

目前发现的微生物有 10 万种左右，尺度绝大部分为微纳米级，这些微生物具有不同的标准几何外形与亚结构、生理机能及遗传特性。"自上而下"的生物加工就是找到能"吃"掉某些工程材料的微生物，实现工程材料的去除。如通过氧化亚铁流杆菌 T-9 菌株，去除纯铜、纯铁和铜镍合金等材料，用掩模控制去除区域，实现生物去除成形。

2. "自下而上"的方式

"自下而上"方式主要是采用自组装技术，以原子、分子为基本单元，根据人们的意愿进行设计和组装，即通过人工手段把原子或分子层层淀积（在极端情况下可以把原子或分子逐个地淀积）构筑成具有特定功能的产品。当产品尺寸极限减小到 30 nm 以下时，"自下而上"的自组装方法为替代"自上而下"的制作方法提供了可行的途径。"自下而上"方法是采用分子尺度材料作为组元去构建新一代功能纳米尺度装置的制作方法，这预示着未来装置的集成将依赖于纳米尺度材料，包括大分子（诸如 DNA 分子）和低维纳米结构（如金属颗粒和单层）等。

"自下而上"的方法涉及纳米制造和元件组装，可分为以下五种类型：

（1）应用非传统材料和工艺扩展采用传统材料的光刻技术，使之达到纳米尺度；

（2）利用生物分子自组装或自组织性能的开发，构建基于简单纳米材料的复杂功能纳米结构组装模板；

（3）将外加可控力场应用于离散操作和/或预制纳米组元的组装；

（4）原子操作；

（5）蘸水笔纳米加工技术，这是一种由自组装技术发展而来的技术。

1）以自组装为媒介的图形制作和传递

当"自上而下"的光刻技术的基本尺寸接近它们的极限时，需要新的方法将其扩展至 30 nm 以下。20 世纪 90 年代末，一种新的微图形复制技术应运而生。通过非常规材料在相应基底上的自组装形成弹性模，从而代替光刻中使用的硬模，以促进图样的形成，并传递到下面的支撑基底上。与传统光刻技术比较，无光散射带来的精度限制，可以制造复杂的三维结构，可应用于曲面和不同化学性质的表面，同时还能根据需要改变材料表面的化学性质。应用自组装材料作为掩膜或光刻胶的纳米结构制造工艺流程如图 5-21 所示。目前，自组装使用的材料主要为有机复合物、生物分子、嵌段共聚物、纳米球、碳纳米管和纳米丝等。

2）生物分子自组装

生命是物质的最高形式，生命生物体和生物分子较非生命物质而言，具有繁衍、代谢、生长、遗传、重组等特点。通过基于基因组计划的研究，人类对生物分子的特性有了更多、更深刻的认识。通过人工控制生物分子，在"自下而上"的制造方法中，组装信息可以被编程或编码在组元内，然后按照信息实施自组装。它使人们在纳米材料及器件的制造领域取得革命性的进展。生物有机体所展现出来的在纳米尺寸的独一无二的控制表现在以下几方面。

（1）基因对微纳尺度形状和结构的精确控制；

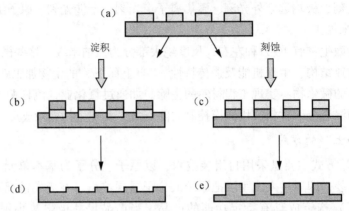

图 5-21　应用自组装材料作为掩膜或光刻胶的纳米结构制造工艺流程图

（2）跨尺度和多尺度范围的三维自组装结构和过程；

（3）高选择性的化学分离或提取功能技术；

（4）在自然环境条件下能进行大批量平行复制（低耗、环境要求低的过程）。

采用自组装技术，DNA 平面和立体结构、DNA 电动机、蛋白纳米线、荧光双分子互补系统等生物纳米功能结构现已成功制作。

3）利用力场的自组装

以分子尺度无机材料作为功能单元构建成新一代纳米光电装置。基于预制组件非均匀集成的复杂性，需要一整套组装工具才能够准确地在特定部位实现纳米尺度组件的集成。最近出现了一种新的微元件自组装技术，即基于外部力场（自然流场、磁场或电场）的作用，实现微元件在相应基板位置的定向和定位，从而完整功能单元的自组装。

4）探针纳米加工

最终的"自下而上"纳米组装方法是通过精确地控制单个原子来构成纳米结构，即原子操作。1995 年，Crommie 等采用低温超高真空扫描隧道显微镜（Scanning Tunneling Microscopy，STM）在金属表面上实现原子操作，在恒定电流模式下 STM 探针逐渐接近原子。当探针尖端和原子之间的距离非常近时，两者之间的化学交互作用占主导地位，原子在探针尖的作用下将被移动到预期位置。根据已经获得的几种不同的原子几何构造，可清楚地观察到电子波干扰效应。

5）蘸水笔纳米加工

蘸水笔纳米加工技术是近年来发展起来的一种新的扫描探针刻蚀加工技术，有着广泛的应用前景。该技术是直接把弯曲形水层作为媒介来转移"墨水"分子，在样品表面形成纳米结构。墨水原子薄膜包裹在探针尖上，在毛细作用下沿针尖表面扩散到针尖表面如图 5-22 所示。当探针尖在高湿度空气中靠近基底时，少量的水珠自然要在探针尖和基底之间凝结。水珠成为墨水分子从探针尖向基底迁移的桥梁，在基底表面自组装或者定位。由探针通往顶尖的毛细管不断地提供新的分子，实现连续地写入。选择具有化学亲和力的分子和基底，保证淀积的膜层具有合适的吸附力。

尖端凹率半径、针尖在基底表面滞留时间、针尖扫描速度、空气湿度、表面粗糙度等均会影响纳米结构的线宽。针尖在基底表面滞留时间与圆半径的平方成一次函数关系，线

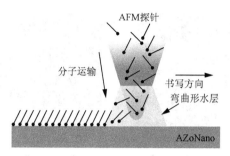

图 5-22　蘸水笔纳米加工技术示意

宽随着尖端半径的增大而变宽，扫描速度与线宽成反比关系。通过控制湿度可以控制"墨水"分子的转移速度，从而影响纳米结构的线宽。线宽随着样品表面粗糙度增加而变宽。现有许多不同墨水材料被成功研发，其中包括无机物、有机物、生物分子和导电聚合物，与其相匹配的各种基底有金属、半导体和功能化的表面。

3. 超光滑表面制造

1）超光滑表面加工

随着科技的飞速发展，对产品加工精度和表面质量的要求也越来越高，不仅要求对表面的控制精度趋于纳米级，加工精度趋于亚纳米级，而且要求表面具有高集成度和高可靠性，变质层厚度趋近于零。超光滑表面加工技术是由于光电子学领域对材料表面提出无损伤要求而发展起来的。超光滑表面加工技术的发展，大体经过以下四个阶段：

（1）传统光学冷加工阶段：主要是从20世纪60年代到80年代初发展起来的，其特点是采用传统光学冷加工抛光的方法。通过对加工设备进行改造，并选择适当的辅料和加工技术，达到超光滑表面。

（2）研发专用机床阶段：以日本研究发展第一台超光滑表面加工设备为主要标志。它集粗磨、精磨、抛光为一体，由毛坯直接加工出工件，提供了一种大规模生产的工艺。

（3）非接触方式阶段：20世纪90年代发展起来的非接触式的去除工件表面材料的方法，如中性离子束抛光、等离子体辅助抛光等。这些方法以物理、化学的方式，以原子或分子量级，非接触地去除工件材料，从而获得超光滑表面。

（4）化学机械抛光阶段：近年来，研究人员发展了化学机械抛光技术以适应市场的需求，目前该技术正得到长足的发展，表面粗糙度已达到了 0.1 nm 以下。

定型机械纳米加工采用专用刀具，可以通过刀具自身良好的表面粗糙度和刀刃精度来保证被加工工件的外形尺寸精度，最小去除量能达到 0.1 nm。图 5-23 所示为 LLNL 实验室美国国家航空和宇宙航行局制造的一面离轴抛物面反射镜，用于太空舱实验测试来自太空的风速。该镜面（铝基底上的无电镀镍层）在全世界精密度最高的 LODTM 机床上完成精车，表面波峰到波谷之间的尺寸精度误差为 150 nm。图 5-24 所示的是在 LODTM 机床上加工化学激光腔光学器件。该光学器件将用于静态试验，车削后的四个器件表面之间的表面粗糙度公差只允许 28 nm。

图 5-23 离轴抛物面反射镜 　　　　　图 5-24 化学激光腔光学器件

2）超光滑表面制造技术的新发展

随着 IC 技术、信息存储技术等迅速发展，对表面的加工精度和质量提出了前所未有的要求。因此，超光滑表面加工技术涌现出多种新技术，以适应现代信息技术发展的需要。其中最引人注目的技术就是化学机械平坦化（Chemical Mechanical Planarization，CMP）技术。

近年来，如表面平坦化技术方面，提出了电化学机械平坦化（Electro-Chemical Mechanical Planarization，EC-MP）、无磨粒化学机械平坦化（Abrasive-Free CMP，AF-CMP）、弹性碰撞去除（EEM）等新技术。在芯片清洗方面也提出了诸如超临界流体清洗、低温冷凝喷雾清洗、激光清洗等新的工艺技术。

电化学机械平坦化技术由于借助电化学作用提高 Cu 的氧化溶解速度（见图 5-25），并通过抛光垫的机械抛光作用去除 Cu 电化学反应生成的氧化物，实现硅片表面的全局平坦化。因此与 CMP 相比，在超低压力抛光条件下也能获得较高的抛光效率。此外在 ECMP 中电化学作用占主导地位，因此抛光中的机械力作用相对较小，表面粗糙度比较大。

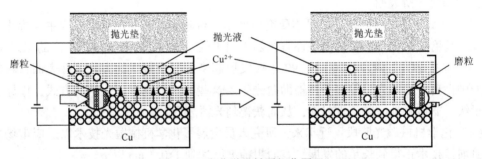

图 5-25 电化学机械平坦化原理

无磨粒化学机械平坦化技术（见图 5-26）采用具有较强腐蚀能力的无磨粒抛光液，利用抛光垫与被加工材料之间的摩擦作用来去除化学腐蚀产生的反应膜，实现硅片表面的全局平坦化。由于抛光液的腐蚀性强且不含磨粒，在加工过程中化学腐蚀作用占主导地位，因此加工表面划痕等缺陷有可能大幅度降低，目前存在的主要问题是去除率太低、平整度不高。

4. 纳米压印技术

1）纳米压印技术的定义及分类

纳米压印技术（Nanoimprint Lithography，NIL）是美籍华裔科学家周郁在 1995 年发明

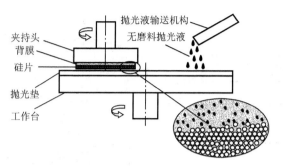

图 5-26 无磨粒化学机械平坦化原理

的一种光刻技术，通过使用直接接触的方法形成图案转移，具有不同图案尺寸大小的母板用来压在衬底上的热塑性聚合物或紫外敏感单体薄膜上，然后样品被加热或紫外辐射，最后母板从聚合物层分离。

常见的纳米压印技术有热压印、紫外压印和软刻蚀三种类型。其中，常见的软刻蚀有微接触印刷、复制模塑、转移微模塑、毛细微模塑、溶剂辅助微模塑、热压注塑等。此外，根据不同固化方法、不同图形转移范围和不同压印模板，纳米压印技术有很多的分类，图 5-27 为纳米压印技术分类图。

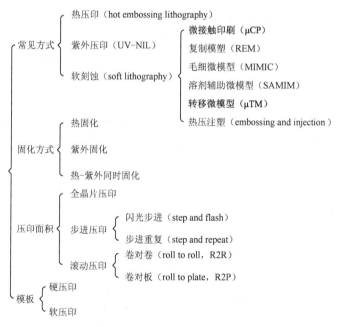

图 5-27 纳米压印技术分类图

2）纳米压印原理和工艺要素

把纳米压印过程作为一种制造工艺来分析，其主要的工艺要素包括纳米尺度图形模板、阻蚀胶（图形复制转移层）、基材（最终的纳米成形受体）、成形的外部诱导能量、压印控制方式（装备）等，如图 5-28 所示。国际上提出的各种压印光刻工艺，大致是通过这些工艺要素的组合而提出来的。总体上说，各种纳米压印工艺变种衍生于以下要素的多样性：

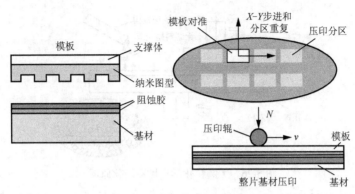

图 5-28   纳米压印工艺要素和技术变种

（1）压印模板。模板的制造一般可通过电子束直写工艺（EBDW）和聚焦离子束直写（FIB）完成。从理论上讲，通过高性能 EBDM 工具（加上后续等离子刻蚀）或 FIB 工具可以获得小至 10nm 以下尺度图形的压印模板。模板的材料可以是柔性材料（如 PDMS）、硬质材料（如石英、镍版）或两类材料的叠层组合（兼具微观的柔性和宏观的刚性）。

（2）压印分区大小。采用与基材等面积的大模板实现单次压印（Single Stamping）自然可以提高压印过程效率。由于大面积的纳米、密致图形模板的 EBDW 或 FIB 直写过程费时长、成本高、且难以保证大面积范围内的全局质量，所以整片基材的压印一般用于微米或亚微米尺度、稀松分布图形的大面积压印。纳米尺度的压印一般采用小面积模板（例如 l in×l in），通过步进+分区重复（Step-and-Repeat）方式，在大面积的基材平面进行压印，因此要求精密的步进驱动机构的支持。

（3）阻蚀胶的定型过程。纳米压印过程中，模板压向阻蚀胶（图形复制转移层）。后者通过力学流变过程对模板的图形模腔进行填充，并在热或光能的作用下发生物理相变，最后定形。阻蚀胶一般分为 UV 固化型、热固型、热塑型和自组装单分子层材料。阻蚀胶的不同要求完全不同的压印工艺控制方式。

（4）特征转移层的构成。被成形的对象分为基材（直接压塑成形）、基材+阻蚀胶膜（先在阻蚀胶膜上压印成形，并作为掩膜，后通过刻蚀将图形转移到基材上）、基材+平坦化膜+阻蚀胶膜（先在阻蚀胶膜上压印成形，通过刻蚀将图形转移到平坦化膜，以图形化的平坦化膜作为掩膜，再通过刻蚀最终将图形转移到基材上）。

5.3 生 物 制 造

21 世纪是科学技术日新月异的世纪，伴随着各个领域的巨大进步，多学科相互交叉、融合发展成为科技进步的主要发展方向。生物制造就是在这种背景下应运而生的，成为综合医学、生物科学、机械学等学科知识的一门新兴学科。生物制造扩展了传统制造领域的边界和范畴，将加工对象从传统机械制造的"死物"拓展到具有生命特征的"活物"。本章对生物制造的概念、研究领域及发展趋势等作简要阐述。

5.3.1 生物制造的概念

传统意义的机械工程科学是研究机械产品（或系统）的性能、设计和制造的基础理论和技术的科学。在机械工程领域，一般将机械按其用途分为两大类：通用机械（如动力机械、流体机械等）和专用机械（如船舶、飞机、矿山机械、农业机械等）。传统的机械制造是以上述机械系统为研究对象，主要考虑机械系统的制造环节，包括工程材料净成形技术、传统切削加工技术、精密超精密加工技术、高速高效加工技术、微纳加工技术和特种加工技术等。

随着经济和科学技术的发展，人们对于医疗水平和生活质量提出了更高的要求，越来越关注自身的健康问题，各种先进的治疗手段、人工器官、运动与康复机械和医用与仿生机器人等的使用将会越来越普遍。在这一背景下，生物制造技术应运而生。

生物制造是将生命科学、材料科学和生物技术融入制造学科中，由现代制造技术和生命科学交叉而产生的一门新兴学科。生物制造是针对生物系统、医学系统等的机械系统进行研究的专门学科，有相对的独立性。目前学术上关于生物制造技术尚未有统一的严谨定义。清华大学颜永年教授将生物制造定义为：通过制造科学与生命科学相结合，在微滴、细胞和分子尺度的科学层次上，通过受控组装完成器官、组织和仿生产品的制造之科学和技术总称。

随着国内外研究的不断深入，人们普遍认为可以从广义和狭义两个范围来理解生物制造的内涵。广义上，凡涉及生物学和医学的制造科学和技术均可视为生物制造，包括仿生制造、生物体和类生物体制造。狭义的生物制造主要是指生物体制造，它是指运用现代制造科学和生命科学的原理与方法，通过细胞或微生物的受控三维加工和组装、制造新材料、器件及生物系统，完成具有新陈代谢特征的生命体成形和制造。这些生命体经培养和训练，可用于修复或替代人体病损组织和器官。

生物制造的特点主要体现在两个方面：一是使制造对象的材料结构、机械和理化特性、功能和性能等具有类生物特征；二是将生物技术融入制造过程，譬如将受控的生物行为集成到制造系统中。上述特点使得制造的原理、技术和目标得到延伸，也为制造科学研究提出了新的任务。如图 5-29 所示为生物制造的主要研究领域。

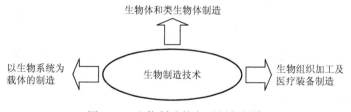

图 5-29　生物制造的主要研究领域

生物制造在医学和装备制造工程中有十分重要的应用。采用生物制造技术制造的活性化人工组织和器官、分子尺度生物检测和调控装置、生命体和人工装置一体化医疗装备等可望为医学技术带来重要变革。

5.3.2 生物制造的主要研究领域

1. 生物组织加工及医疗装备制造

生物医学器件与装备包含的范围十分广泛，包括各类手术执行器械、植入式医疗装置、医学诊疗装备、外科手术机器人及康复辅助装备等。在临床上，最常见的生物医学器件是各类外科手术中使用的生物组织切割器械（如手术刀、手术剪、活检针等）。

外科手术是指外科医师或其他专业人员操作专业外科设备或外科仪器，进入人体或组织器官内，以外力方式排除病变、改变构造或植入外来物的处理过程。从机械制造角度分析外科手术过程，其核心任务是"切削"生物组织。

根据组织的软硬程度，生物组织可以分为硬组织和软组织两类。硬组织包括骨头、牙齿等，软组织包括皮肤、肌肉、脏器等各种器官。生物组织从力学角度看都是非均质的、各向异性的、非线性黏弹性的材料，其力学性能不仅与生理状态，如年龄、性别、健康状况等因素有关，还受测试过程中的温度、pH 值等外部环境因素影响，因此生物组织切削与工程材料的切削具有显著的差异性。目前生物组织切削已成为制造领域的一个研究热点。

以穿刺活检手术为例，它是一种使用专用活检针采集活体病变组织样本，用于组织形态学、组织化学、酶学、免疫学和病毒学以及电镜检查的医疗手段。目前在穿刺活检手术过程中，由于缺乏具有良好切削性能的活检针，每次穿刺时仅能得到很少量的活体组织，有时需要在同一病灶位置反复多次穿刺才能取得满意的组织样本，手术时间较长，病人十分痛苦。目前，临床上迫切需求一种新型高效活检针，提高穿刺效率。

活检穿刺针是活检手术的核心医疗器械，剖析穿刺活检取样过程，其实质就是用锋利的针头从病人身体上提取一块组织（皮肤、器官或肿块等）做病理分析来诊断癌症或其他疾病的方法。针头（针尖）切割下部分人体组织的过程在形式上与机械切削加工过程极其相似，因此可以采用类比的方法把穿刺活检看作针头切削软组织的过程，在这个切削过程中针头是切削刀具，人体组织是工件材料，要提取的组织样本是切屑。

如图 5-30（a）所示为活检针实物，研究人员参考《金属切削基本术语》（GB/T 12204—2010）的有关规定，借鉴金属切削刀具几何角度的概念和符号，给出了活检针切削参考系和切削角度标注方法，如图 5-30（b）所示。结合针尖的几何模型，如图 5-30（c）所示，能够推导出活检针切削刃上刃倾角、法前角、前角和楔角的数学模型，计算针尖切削角度沿切削刃的分布情况，如图 5-30（d）所示，由此可以获得针尖几何结构对针尖切削刃上切削角度的影响规律，为针尖刃口设计、制造以及切削性能评价提供了理论基础。

将生物组织作为工件材料开展生物组织加工研究，拓展了传统切削理论范畴。金属切削理论已经十分成熟，并已在实际应用中发挥着重大作用，但生物组织的切削还没有形成系统的理论。将机械制造科学与临床医学两个学科的深度交叉，借鉴金属切削理论研究生物组织切削这一医学问题，揭示生物组织与加工工具之间的相互作用机制，构建起新的理论模型和试验装置，能够为医疗器械的设计制造提供理论依据，推动新型高效低损伤的医疗器械的开发研制，进一步提高现有医疗水平，保障人类身体健康。

除了手术执行器械外，在生物医学器械和装备中单分子传感器、分子电动机、生物芯

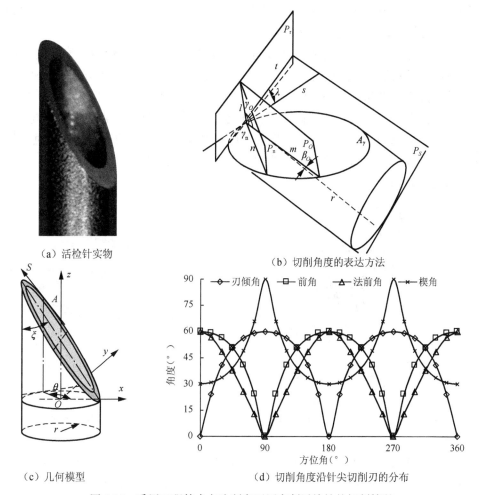

（a）活检针实物　　　　　　（b）切削角度的表达方法

（c）几何模型　　　　　　　（d）切削角度沿针尖切削刃的分布

图 5-30　采用工程技术方法研究医用穿刺活检针的切削情况

片、生机电一体化医疗装置等尤其引人注目。这类装置的特点是具有部分类生物体特征和良好的生物相容性，并可直接集成到生物体中，作为生物系统的一个功能单元，或对生物系统的微观行为进行检测和调控。

　　单分子传感器可用来检测 DNA、蛋白质分子和抗原–抗体反应等，分子马达则可使生物分子结构、构型或构像以可控的方式变化。对于此类器件和装置的制造技术国际上已获得重要的研究进展，如美国科学家研制的纳米探针，可传导氦–镉激光，其尖部贴有可识别和结合 BPT 的单克隆抗体。激光激发抗体和 BPT 复合物产生荧光，通过探针光纤传送并由光探测器接收，可用于探测和监控活体细胞的蛋白质和其他所感兴趣的生物化学物质。美国康奈尔大学研制了一种可以进入人体细胞的纳米机电设备，它包括两个金属推进器和一个金属杆，由生物分子组件将人体生物燃料 ATP 转化为机械能量，使得金属推进器运转。该技术目前还处于初期研究阶段，但将来完全有望完成在人体细胞内发放药物等医疗任务。美国研制成功了可使盲人重见光明的"眼睛芯片"，如图 5-31 所示。这种芯片是由一个无线录像装置和一个激光驱动的、固定在视网膜上的微型计算机芯片组成，其工作原理：装在眼镜上的微型录像装置拍摄到图像，并把图像进行数字化处理之后发送到电脑芯片，电脑芯片上的电极构成的图像信号则刺激视网膜神经细胞，使图像信号通过视神经传送到大脑，这样盲人就可以见到这些图像。

生机电一体化医疗装置通过机电装置与生物体的集成，使生物系统的功能得到延伸，或对生物体的受损功能单元进行替代和修复，如现代医学工程中广泛应用的心脏起搏器、肌电假肢等。人工心脏起搏器是治疗严重心率失常的一类体内植入式医疗器械，如图 5-32 所示。心脏起搏器系统的基本结构包括心脏起搏器（低频脉冲发生器及其控制电路）、导向、刺激电极、电源等，它通过脉冲发生器发出由电池提供能量的电脉冲，通过导线电极的传导，刺激电极所接触的心肌，使心脏激动和收缩，从而达到治疗由于某些心律失常所致的心脏功能障碍的目的。

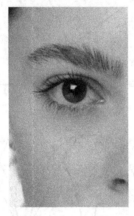

图 5-31　可使盲人重见光明的"眼睛芯片　　　　图 5-32　心脏起搏器实物

在生机电一体化系统中，机电装置和生物体并非以简单的机械方式进行集成和交互，其接口设计基于生物学原理，大脑借助"脑机接口"通过意念控制假肢。所谓"脑机接口"技术，就是致力于在大脑和假肢等外部设备之间建立一条直接传输大脑指令的通道，实现即使在脊髓损伤、发生神经通路损坏的情况下，脑部的信号也能通过计算机解读，直接来控制外部设备，使行动障碍的人有望重获独立生活的能力，大大提高了残障人士的生活质量（见图 5-33）。这是其有别于其他生物医学装置的主要特点。

生机接口是生机电一体化系统的重要单元，其主要功能是实现生物体与机电装置的交互与集成。常用的生机接口包括脑机接口、神经控制接口、肌电控制接口等。近年来，我国科学家在"脑-机接口"领域取得了杰出的研究成果。2012 年浙江大学研究团队通过脑机接口能够让猴子通过意念控制外部机械，如图 5-34 所示。研究人员首先运用计算机信息技术成功地提取猴子大脑运动皮层的上百个神经元实时发放的信号并破译猴子大脑关于抓、勾、握、捏四种手势的神经信号，将猴子想要做某个手部动作时大脑发出的信号，通过控制系统同时让机械手去完成这个动作，使猴子的"意念"能直接控制外部机械。

2. 生物体和类生物体制造

在体外制造可修复人体受损组织与器官功能的活性替代物一直是人类的梦想。生物体和类生物体制造是 20 世纪末迅速崛起的新兴制造技术，刺激该技术发展的主要动力是现代医学工程的需求。随着组织和器官移植手术的广泛应用，供体短缺的矛盾也日益严重。

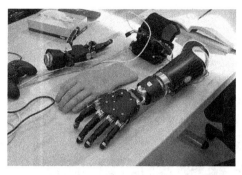

图 5-33　美国国防部研制的高仿真假肢

图 5-34　猴子大脑信号"遥控"机械手

目前，重要器官的生理病变正严重威胁着患者的生命，异体器官移植作为最有效的治疗手段，却受供体匮乏、免疫排斥和昂贵费用的制约。据不完全统计，中国每年约有150万患者需要进行器官移植，但只有不到1%的患者能获得合适的器官供体，许多患者在等待合适供体的过程中丧失了生命，这就催生了当前的器官买卖黑市，严重威胁社会稳定与文明；同时，器官疾病患者在全世界范围内呈逐年递增趋势，器官移植的供需矛盾将变得日趋严峻。采用人工方法在体外完成生物组织、器官或替代医学装置的制造，现已成为科学研究的一项重要任务。因此，研究人体重要实质器官制造的共性技术，实现活性器官的工程化制造迫在眉睫，这有望从根本上解决当前器官移植中的供需矛盾，是当今国内外的研究前沿与热点。

1）基于去细胞支架的重要实质器官制造技术

去细胞支架是指将自然器官内的生物活性物质如细胞等通过特定的方法去除，仅保留细胞外基质材料与内部微结构系统如血管。哈佛医学院研究者将肝实质细胞与血管内皮细胞种植在脱细胞肝脏支架内，通过模拟体内血液流动状况进行体外动态培养，以促进细胞的增殖生长，在世界上首次构建出了可植入的活性人工肝组织，如图5-35～图5-37所示。目前国内已有研究者研究了肝脏支架的去细胞化技术，并初步探索了工程化肝脏的构建方法。

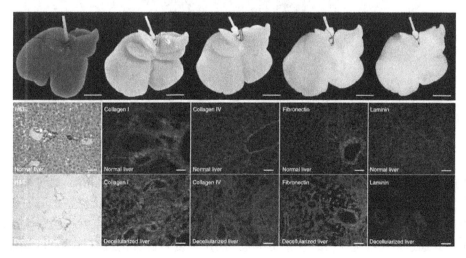

图 5-35　鼠肝脏的脱细胞化

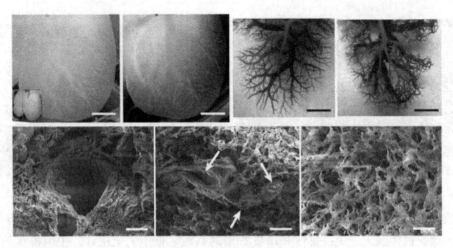

图 5-36　小叶结构和血管床

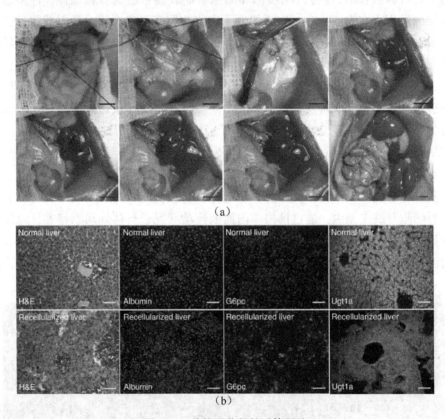

图 5-37　移植后获得的活体肝脏

2）基于细胞片层的重要实质器官制造技术

细胞片层技术是将细胞种植在具有温敏特性的基质上进行体外培养，通过细胞增殖与基质分泌，将原本离散的细胞连成一片，当降低环境温度时，可获得完整的具有细胞外基质及细胞-细胞相互接触与通信的细胞片层。该技术首先由日本东京女子医科大学的研究者提出，并通过多层细胞片层的叠加或卷裹广泛用于复杂血管化组织与器官的构建，目前该研究小组采用这种方法构建单层肝细胞片层，通过层层叠加形成三维的人工肝组织，然后植入预血管化的大鼠皮下，发现植入的人工肝组织可以在肝脏异位保持活性与功能长达200多天，若采取部分肝脏切除等刺激因素，植入的人工肝组织表现出了与自然肝脏相当的再生能力。采用细胞片层技术进行重要实质器官制造，其优势在于可以建立稳定的细胞–细胞接触与通信，并且采用了细胞外基质而非生物材料作为细胞载体，可有效避免体内植入后因免疫排斥而形成的纤维包裹，从而有利于植入细胞的活性与功能。

3）基于快速成形的重要实质器官支架制造技术

快速成形是一种基于离散–堆积成形思想的先进制造技术，直接由计算机数字模型驱动，通过分层叠加制造三维实体模型，其最大优势在于复杂外形与可控内部微结构的一体化制造。离散–堆积原理的核心是宏观–介观–微观不同尺度上的受控组装，大大拉近了制造科学与生命科学的距离。相比传统的支架成形方法，基于离散–堆积原理的快速原型技术，所制造的支架个性化程度较高，可以通过参数设计和材料选择的方法进行人工设定，非常适于构建结构性的组织和器官。用于生物支架制造的快速成形技术主要分为：挤压/喷射工艺和光固化/烧结工艺两类。

低温沉积制造是一种典型的挤压/喷射工艺。如图 5-38 所示，该技术将生物材料溶于相应溶剂制备成液态浆料，通过点到点的精确控制，将溶液态成形材料挤压或喷射到低温环境中，与底板或已成形的材料粘接，并冷冻凝固，同时发生相分离形成微孔，随后的冷冻干燥使得溶剂挥发，留下梯度孔隙结构的支架，以利于新组织的生长。

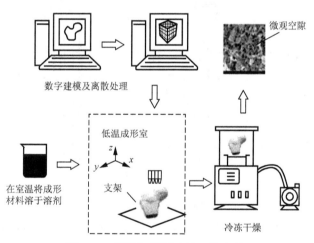

图 5-38　低温沉积制造的工艺流程

低温沉积制造工艺可以实现 3 个级别的连续梯度孔隙支架的制备，通过结构设计该工艺可以制备出 $100\mu m$ 以上的宏观/三级孔隙，$10\sim100\mu m$ 的次级/二级孔隙，以及 $10\mu m$ 以下的微观/一级孔隙，如图 5-39 所示。此外结合多喷头技术，可以将多种材料成形到同一个结构中，从而获得可控的有梯度的生物功能和力学性能的支架。

立体光刻是一种基于光固化/烧结的生物支架制造工艺。如图 5-40 所示，该技术使用紫外光束扫描液态光敏树脂液面，使其发生光固化，并与已固化部分自动结合起来，通过控制 Z 向进给实现多层扫描从而构建出三维实体。研究人员采用高精度的立体光刻设备，使用 PPF 聚酯材料制造了可降解的生物支架，在植入动物头盖骨的试验表明，支架具有在软组织和硬组织中的良好生物相容性。

图 5-39　骨组织工程支架及梯度多孔结构扫描电镜图像

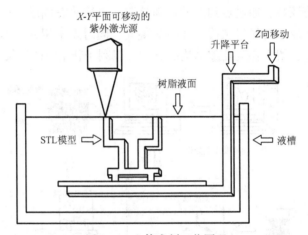

图 5-40　立体光刻工艺原理

4）基于细胞打印的重要实质器官制造技术

细胞打印技术是生物制造领域的一个研究热点。基于细胞打印的重要实质器官制造技术是将细胞基质材料及生长因子作为加工对象，采用 RP 技术分层制造的原理，通过挤出成形直接构建细胞-结构-材料活性体。细胞/器官打印的概念首先由美国南卡罗来纳大学的研究者提出。英国剑桥大学的研究人员使用一种压电喷墨打印头，让成年老鼠的神经胶质细胞（Glia Cell）和视网膜神经节细胞（Retinal Ganglion Cells）通过一个不到 1 mm 的喷嘴"打印"出来，虽然经过高速喷射被弹出，但"打印"出来的细胞都很健康，柔弱的细胞膜仍旧存活着，并能在培养器中生长。

美国普林斯顿大学的研究人员利用 3D 打印技术制造出一个仿生耳，如图 5-41 所示。研究人员先用 3D 打印机打印出柔软、半透明状的仿生耳的"雏形"，再将其放在培养皿中培养 10 周，让仿生耳中的牛体细胞繁殖，最终生长成肉色的仿生耳。这种仿生耳主体由硅树脂制成，不仅在外形上与人类耳朵类似，而且在"听力"上还有所突破，其上装有用牛体细胞和纳米银粒子打造而成的螺旋天线，能够"听"到无线电频率。

我国清华大学采用微滴喷射工艺，将肝脏细胞与生物基质材料（壳聚糖明胶等）混合物进行三维受控组装，形成具有简单结构的肝细胞-水凝胶复合体细胞打印技术，在一定程度上解决了肝细胞在基质材料内高密度均匀分布的难题。杭州电子科技大学自主研发出一台生物材料3D打印机，如图5-42所示，该3D打印机使用生物医用高分子材料、无机材料、水凝胶材料或活细胞，目前已成功打印出较小比例的人类耳朵软骨组织、肝脏单元等。

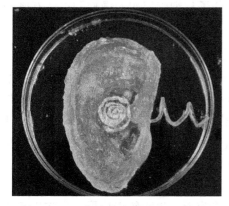

图 5-41　3D 打印技术制造的人工耳朵　　　　图 5-42　我国学者开发的 3D 细胞打印系统

近年来，生物制造研究不断深入，迄今为止已有超过几十个品种的人工器官产品用于临床，如图5-43所示为典型的几种人工器官产品。但现有的人造器官多为机械性装置，如心室辅助装置和全人工心脏，由高分子材料构建的皮肤和血管等，其功能仅限于再现天然器官的宏观机械特性和部分理化特性，生物相容性差，仅能作为一种过渡性替代医疗装置。

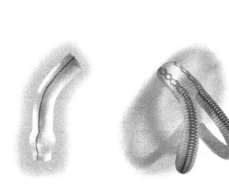

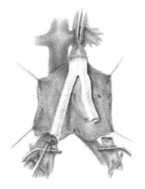

（a）人工血管　　　　　　　　　　　（b）人工血管替代人体病变血管

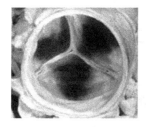

（c）正常的主动脉瓣　　　（d）机械型人工瓣膜　　　（e）生物型人工瓣膜

图 5-43　人工器官产品

制造材料与生命科学的交叉与融合发展，为生物组织与器官的体外制造提供了必要的技术材料与生物学基础，从而实现了皮肤、骨等简单活性组织的临床应用，但人体重要实质器官如肝脏、肺等的再造研究至今尚未取得突破性进展。重要实质器官内部复杂的微观结构系统及多细胞体系的构建是实现其体外制造的关键，也是当前生物组织与器官制造技术所面临的巨大挑战。具有复杂生物学功能的心、肝、肾等器官的人工构建不同于结构性组织制造，其结构复杂，细胞种类繁多，细胞和组织的调控机理不明确，如何采用人工方法实现体外制造并获得类似天然器官功能的表达，与分子与细胞层次的操控和组装有密切联系，涉及更深层次的生命科学与制造科学问题，是生物制造研究的长期任务。

3. 以生物系统为载体的制造

制造是广泛存在于生物系统中的一种自然行为。生物体的自我复制、生长成形、生物连接成形、分子的聚合自组装、无机材料的生物腐蚀、有机材料的生物溶解和降解等都是以生物系统为工艺执行主体的制造形式。它有别于物理形式的制造工艺（铸、锻、焊、切削、磨削、高能束加工等）和化学形式的制造工艺（电铸、电镀、光刻、刻蚀、电化学加工等）。以生物系统为载体的制造不仅可以实现与物理、化学工艺相同的成形、去除加工和连接装配等基本功能，还具有复制成形、自组装、生长连接等类生物特性。

以生物系统为载体进行制造，目前主要有生物去除成形、生物约束成形、生物生长成形等形式。生物去除成形（Bioremoving Forming）是通过对生物系统刻蚀的控制实现工程材料的制造目的；复制或金属化不同标准几何外形与亚结构的菌体，再经排序或微操作，实现生物约束成形（Biolimited Forming）；甚至通过控制基因的遗传形状特征和遗传生理特征，生长出所需的外形和物理功能，实现生物生长成形（Biogrowing Forming）。图 5-44 给出了三种生物加工方法的基本内容。

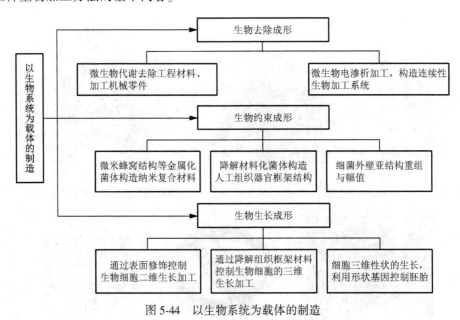

图 5-44　以生物系统为载体的制造

1）生物去除成形

氧化亚铁硫杆菌 T-9 菌株是中温、好氧、嗜酸、专性无机化能自氧菌，其主要生物特性是将亚铁离子氧化成高铁离子以及将其他低价无机硫化物氧化成硫酸和硫酸盐，并从中获得生长所需要的能量。加工时，可掩膜控制去除区域，利用细菌刻蚀达到成形的目的。

如图 5-45 所示为加工示意图，首先将工件材料（纯铁、纯铜等）表面进行抛光和清洗，再贴上一层抗蚀剂干膜，在掩膜覆盖下经紫外线曝光、显影，最后制备出所需图形保护膜的试件；之后将试件置于氧化亚铁硫酸杆菌培养液，硫酸杆菌对没有抗腐蚀膜保护的试件表面进行腐蚀，当前生物加工纯铜和纯铁的刻蚀速度能达 $10 \sim 15 \mu m/h$。

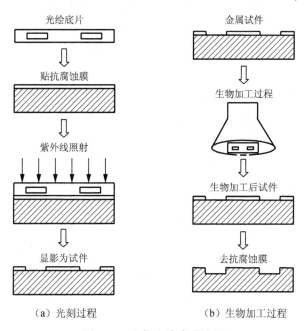

（a）光刻过程　　　　　（b）生物加工过程

图 5-45　生物去除成形过程

生物去除成形的工艺特点如下：
（1）侧向钻蚀量是普通化学加工的一半左右；
（2）加工过程反应物和生成物通过氧化亚铁硫杆菌的生理代谢过程达到平衡；
（3）可通过不同微生物的材料选择性加工不同材料；
（4）生物刻蚀速度取决于细菌浓度和材料性质。

2）生物约束成形

菌体有各种各样的标准几何外形（如球状、杆状、丝状、螺旋状、管状、轮状、玉米状、香蕉状、刺猬状等），用现有的任何加工手段都很难加工出这么小的标准三维形状。这些不同种类菌体的金属化将用于以下一些微纳尺度的方面：

（1）构造微管道、微电极、微导线等；
（2）通过菌体排序与固定，构造蜂窝结构、复合材料、多孔材料、磁性功能材料等；
（3）去除蜂窝结构表面，构造微孔过滤膜、光学衍射孔等。

我国学者选择细胞壁较厚的固囊酵母菌作为金属化实验对象，探索了其可行性。参考细胞切片工艺和化学镀镍工艺，按图 5-46 所示步骤实施菌体化学镀镍，试验用固囊酵母菌 Ni-P 化学镍，其镍层厚度约为 80 nm。对镍层进行能谱分析表明，其中镍含量为 80% ~ 90%，磷含量为 10% 以上。为实现金属化菌体的磁场排序，必须保证金属化菌体具有铁磁性。但是镀镍层含磷量大于7%就没有铁磁性，因此 Ni-P 化学镀镍不容易产生磁性。我国学者正在进一步研究 Ni-B、Ni-Co、Ni-Fe-P、Ni-Fe-B 等镀镍配方的磁性问题。

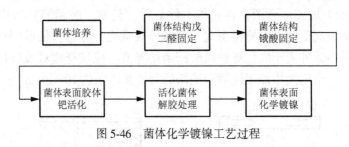

图 5-46　菌体化学镀镍工艺过程

3）生物生长成形

随着人类对基因组计划的不断实施和深入研究，人工控制细胞团的生长外形和生理功能正逐渐变为现实。目前，国际上利用蛋白质晶体重组和细胞生长进行了不少有意义的探索性研究。在细胞团的三维生长控制方面，一般采用凝胶状或海绵状三维培养框架结构，在一定的外形约束、培养介质、培养条件（压力、温度、刺激因子等）下，对接种细胞进行三维组织培养。目前国际上已成功地实现了皮肤细胞的二维生物组织构造，正处于产品开发阶段。软骨、血管、肝脏等细胞的三维生物组织构造技术正处于研究阶段。目前人类已能控制在老鼠身上某个部位长出耳廓形状的组织。相信在不久的将来，一定可以通过控制基因的遗传形状特征和遗传生理特征，生长出所需外形和生理功能的人工器官，用于延长人类寿命或构造生命型微机电系统。总体来看，目前该领域的研究还处在机理分析和工艺原理实验阶段，其工程化应用仍有许多的基本科学和技术问题需要解决，这也为未来的制造科学研究提出了新的任务。

5.3.3　生物制造的未来主要研究方向

生物制造是以生物体为研究对象，将生物技术融入制造过程，制造出可再现生物组织材料、结构特性及功能的人工装置；或将生物系统作为制造的执行载体，通过对生物制造过程的微观行为进行主动利用和调控，制造出生物系统在自律状态下不能产生的产品。从制造的角度，生物制造是介于传统成形加工与生物生长之间的一种成形原理和方法，是朝着生物生长成形方向发展的成形模式。传统成形加工的对象是金属与非金属等无生命特征的材料。在生物制造工程中加工对象变成了具有生命特征的材料。未来生物制造的主要研究方向如下。

（1）生物组织、器官及其替代医学装置的设计与制造。以半生物、半机械式结构性组织和复杂器官制造为目标，重点研究组织和器官功能形成的形态结构学、材料学和生物信息学基础，生物学过程的机电，力学和理化特性及其与载体组织的交互作用机制，生物组织和器官的材料、结构、功能一体化制造及其与自然生物系统的集成，跨尺度三维受控组装原理和技术；开展植入式细胞调控装置的前期探索。

（2）机械零件的生物成形与生物去除加工原理。重点研究生物制造系统的自律特性与外场调控机制，以受控生物系统为执行主体的成形和去除加工原理、工艺和系统，机械零件的生物制造技术、工程化实现及相关的基础科学问题。

（3）生物医学器件与装备制造。重点研究具有部分类生物特性，可与生物体交互或集成的生物医学器件和装置设计原理和制造工艺，如植入式细胞检测和调控装置、生物芯片、生机电一体化医疗器械和装置。

5.4 智 能 制 造

21世纪是以知识经济和信息社会为特征的崭新时代，制造业正面临着知识经济、信息、环境和资源的严峻挑战。因此，制造业必须使用新技术、新工艺、新材料来满足不断变化的新市场的需求。

制造业是国民经济发展的支柱工业，是决定国家发展水平最基本的因素之一。制造业的发展先后经历了手工制作、泰勒化制造、自动化制造、集成化制造、并行规划设计及敏捷化制造等阶段。20世纪80年代以来，先进的制造技术和计算机技术广泛应用于现代制造业，传统的设计方法和管理手段不能有效、迅速地解决现代制造系统中出现的新问题。20世纪90年代末以来，人们开始借助于现代的工具和方法，利用各学科最新研究成果，通过将传统制造技术、人工智能科学、计算机与科学技术等有机集成，发展一种新型的制造技术与系统，这便是智能制造（Intelligent Manufacturing，IM）。

智能制造的形成是制造业发展的历史必然。工业革命实现了人的体力劳动的解放；信息革命借助机器来实现人的部分脑力劳动机械化和自动化；旨在提高机器的智能化和信息处理自动化的现代信息技术革命，必将彻底解放人的脑力劳动。智能制造代表制造业数字化、网络化、智能化的主导趋势和必然结果，蕴含丰富的科学内涵（人工智能、生物智能、脑科学、认知科学、仿生学和材料科学等），成为高新技术的制高点（物联网、智能软件、智能设计、智能控制、知识库、模型库等），汇聚广泛的产业链和产业集群，将是新一轮世界科技革命和产业革命的重要发展方向。

当今智能技术、智能材料和智能产品等大量涌现，智能化已成为21世纪的重要标志之一，而且正在改变我们的生活。各种自动生产线上的机器人是重要的智能制造装备，代替人完成繁重的作业任务。康复、医疗、教育和服务机器人等提供健康服务，成为教学娱乐器具。无人飞机（智能飞行机器人）、无人驾驶汽车（智能移动机器人）和水下机器人将在未来的战争中起重要作用。即插即用傻瓜机床、傻瓜相机等智能装备和产品极大地减轻了使用者对知识的依赖性。智慧地球、智慧城市和智慧楼宇等将改善人类生活环境。总之，正在兴起的智能化浪潮将波及全球，影响人类的科技进步、经济发展和社会生活等各个方面，同时也为我国经济平稳较快发展提供了良好的机遇。美欧学者近期预言，一种建立在互联网和新材料、新能源结合基础上的第三次工业革命即将来临，它以"制造业数字化"为核心，将使全球技术要素和市场要素配置方式发生革命性变化。

智能制造的兴起反映了当今科学发展的综合化趋势，也呈现出现代高新技术相互交叉与集成的特点，这是工业化和信息化深度融合的必然结果。智能制造的基础是知识创新，如何将企业自身的数据、信息、知识进行归纳、整理，如何吸收、融合与集成外部的技术、经验与智慧，提升企业核心竞争力，将成为智能制造发展的关键。

5.4.1 智能制造的概念

智能制造是将专家的知识和经验融入感知、决策、执行等制造活动中，赋予产品制造在线学习和知识进化的能力，涉及产品全生命周期中的设计、生产、管理和服务等制造活动。智能制造涵盖的范围很广泛，包括智能制造技术、智能制造装备、智能制造系统和智能制造服务等，衍生出各种各样的智能制造产品。

智能制造技术（Intelligent Manufacturing Technology，IMT）是指在制造工业的各个环节，以一种高度柔性与高度集成的方式，利用计算机模拟制造业领域的专家的分析、判断、推理、构思和决策等智能活动，并将这些智能活动和智能机器融合起来，贯穿应用于整个制造企业的子系统（经营决策、采购、产品设计、生产计划、制造装配、质量保证和市场销售等），以实现整个制造企业经营运作的高度柔性化和高度集成化，从而取代或延伸制造环境领域的专家的部分脑力劳动，并对制造业领域专家的智能信息进行收集、存储、完善、共享、继承和发展，是一种极大地提高生产效率的先进制造技术。智能制造技术是制造技术、自动化技术、系统工程、人机智能等学科相互渗透和融合的一种综合技术。

智能制造技术的研究对象是世界范围内的整个制造环境的集成化与自组织能力，包括制造智能处理技术、自组织加工单元、自组织机器人、智能生产管理信息系统、多级竞争式控制网络、全球通信与操作网等。

智能制造系统（Intelligent Manufacturing System，IMS）是一种由智能机器和人类专家共同组成的人机一体化系统，它突出了在制造诸环节中，以一种高度柔性与集成的方式，借助于计算机模拟的人类专家的智能活动，进行分析、判断、推理、构思和决策，取代或延伸制造环境中人的部分脑力劳动，同时，收集、存储、完善、共享、继承和发展人类专家的制造智能。由于这种制造模式突出了知识在制造活动中的价值地位，而知识经济又是继工业经济后的主体经济形式，所以智能制造就成为影响未来经济发展过程的制造业的重要生产模式。

智能制造系统是智能技术集成应用的环境，也是智能制造模式展现的载体。一般而言，制造系统在概念上认为是一个复杂的相互关联的子系统的整体集成。从制造系统的功能角度，可将智能制造系统细分为设计、计划、生产和系统活动四个子系统。在设计子系统中，智能制造突出了产品的概念设计过程中消费需求的影响；功能设计关注了产品可制造性、可装配性和可维护及保障性。另外，模拟测试也广泛应用智能技术。在计划子系统中，数据库构造将从简单信息型发展到知识密集型。在排序和制造资源计划管理中，模糊推理等多类的专家系统将集成应用；智能制造的生产系统将是自治或半自治系统。在监测生产过程、生产状态获取和故障诊断、检验装配中，将广泛应用智能技术；从系统活动角度，神经网络技术在系统控制中已开始应用，同时应用分布技术和多元代理技术、全能技术，并采用开放式系统结构，使系统活动并行，解决系统集成。

由此可见，IMS理念建立在自组织、分布自治和社会生态学机理上，目的是通过设备柔性和计算机人工智能控制，自动地完成设计、加工、控制管理过程，旨在解决适应高度变化环境的制造的有效性。

5.4.2　智能制造系统

智能制造系统的研究内容包括智能活动、智能机器以及两者的有机融合技术，其中智能活动是研究问题的核心（见图5-47）。在众多基础技术的研究中，制造智能处理技术负责各环节的制造、智能的集成和生成智能机器的智能活动，成为世界各国普遍重视研究的重要课题。

智能制造系统是与其环境有物质、能量和信息交换的，是依赖于"强制性"的损耗磨损、耗散的开放式自组织系统，是远离平衡态的耗散结构。

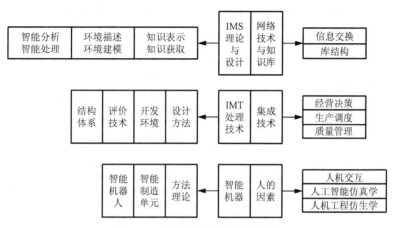

图 5-47　智能制造系统研究内容

和传统的制造系统相比，智能制造系统具有以下特征。

1）自组织与超柔性

智能制造系统中的各组成单元能够根据工作任务的需要，自行组成一种柔性最佳结构，并按照最优的方式运行。其柔性不仅表现在运行方式上，而且还表现在结构形式上，所以称这种柔性为超柔性，如同一群人类专家组成的群体，具有生物特征。完成任务后，该结构自动解散，以备在下一个任务中集结成新的结构。自组织能力是 IMS 的一个重要标志。

2）自律能力

即具有搜集与理解环境信息和自身的信息，并进行分析判断和规划自身行为的能力。具有自律能力的设备称为"智能机器"，"智能机器"在一定程度上表现出独立性、自主性和个性，甚至相互间还能协调运作与竞争。强有力的知识库和基于知识的模型是自律能力的基础。该系统能根据周围环境和自身作业状况的信息进行检测和处理，并根据处理结果自行调整控制策略，以采用最佳运行方案。这种自律能力使整个制造系统具备抗干扰、自适应和容错等能力。

3）自学习能力与自我维护能力

智能制造系统能够以原有的专家知识为基础，在实践中不断进行学习，充实系统的知识库，并删除库中不适用的知识，使知识库更趋合理。同时，在运行过程中还能对系统故障进行自行诊断、排除及维护修复能力。这种特征使智能制造系统能够自我优化并适应各种复杂的环境。

4）人机一体化

IMS 不单纯是"人工智能"系统，而是人机一体化智能系统，是一种混合智能。基于人工智能的智能机器只能进行机械式的推理、预测、判断，它只能具有逻辑思维（专家系统），最多做到形象思维（神经网络），完全做不到灵感（顿悟）思维，只有人类专家才真正同时具备以上三种思维能力。因此，想以人工智能全面取代制造过程中人类专家的智能，独立承担分析、判断、决策等任务是不现实的。人机一体化一方面突出人在制造系统中的核心地位，同时在智能机器的配合下，更好地发挥出人的潜能，使人机之间表现出一种平等共事、相互"理解"、相互协作的关系，使两者在不同的层次上各显其能，相辅相成。因此，在智能制造系统中，高素质、高智能的人将发挥更好的作用，机器智能和人的智能将真正地集成在一起，互相配合，相得益彰。

5）虚拟现实技术

这是实现虚拟制造的支持技术，也是实现高水平人机一体化的关键技术之一。虚拟现实技术是以计算机为基础，融信号处理、动画技术、智能推理、预测、仿真和多媒体技术为一体；借助各种音像和传感装置，虚拟展示现实生活中的各种过程、物件等，因而也能拟实制造过程和未来的产品，从感官和视觉上使人获得完全如同真实的感受。但其特点是可以按照人们的意愿任意变化，这种人机结合的新一代智能界面，使得可用虚拟手段智能地表现现实，是智能制造的一个显著特征。

综上所述，可以看出智能制造系统作为一种模式，它是集自动化、柔性化、集成化和智能化于一身，并不断向纵深发展的先进制造系统。

5.4.3　智能制造的关键技术

1. 数字制造技术

数字制造技术（Digital Manufacturing Technology，DMT）是制造业信息化的基础，它贯穿于制造业信息化的全过程，是制造企业的神经系统和核心技术。数字制造能够帮助现代企业实现技术创新、提高产品研发和设计能力、优化产品制造过程，提高制造资源的利用率，缩短企业产品的设计和制造周期，降低产品研发和生产成本，提高产品品质，加快产品上市速度。所以数字制造技术从某种程度上看，它是现代工业技术水平的标志。

波音 777/787 飞机（见图 5-48）是世界上第一个采用全数字化定义和无纸化生产的大型飞机，所有设计、制造、装配过程均采用数字化技术，采用并行工程方法在不同地点和部门同时展开研制，并利用虚拟现实技术进行各种条件下的模拟试飞。如此，波音公司实现了机身和机翼一次对接成功和飞机一次上天成功，缩短研发周期 40%，减少返工量 50%，降低成本 30% 以上。

2. 物流系统设计及仿真

现代柔性自动化物流系统的设计解决的问题有：物流设备的选择与布局优化；自动化立体仓库的设计（见图 5-49）；AGV 设计与调度；缓冲站设计；机器人/机械手（见图 5-50）功能的开发与应用；物流系统的评价分析。由于物流系统涉及因素很多，往往难以建立数

图 5-48　波音 787 飞机及其发动机

学解析模型，因此计算机仿真成为人们进行物流系统设计最常用的手段。将面向对象的概念引入 Petri 网技术中，按面向对象的概念对网络进行分类和抽象，形成层层子网的树形结构，出现了将形式化建模与非形式化建模相融合的复合建模方法。

由于神经网络、模糊控制、面向对象设计等新理论、新技术不断应用，物流系统设计正朝着自动化、柔性化、智能化、集成化方向发展。

（a）　　　　　　　　（b）

图 5-49　自动化立体仓库　　　图 5-50　拿捏物品机械手与焊接机械手

3. 物料识别控制调度技术

物料识别是进行计算机存储控制的基础。自动识别即生产的关键部位，通过声、光、电磁、电子等多种介质获取物料流动过程中某一活动的关键特性。在识别技术中，条形码自动识别技术已被广泛采用。物料控制是在物料识别信息基础上，根据生产情况，由计算机统一协调控制相应的设备和装置，实现物料的按需传送。物料调度是以自动小车，特别是 AGV 为控制对象，在实施其实时调度、规划、路径选择时，利用新理论，提高决策水平，适应物流系统柔性化、自动化日益提高的要求。

4. 人工智能技术

智能是在各种环境和目的的条件下正确制定决策和实现目的的能力。人是制造智能的重要来源，在智能制造的进程中起着决定性作用。人工智能就是为了用技术系统来突破人的自然智力的局限性，实现部分代替、延伸和加强人脑的科学。它从不同研究途径分析人类智能，形成符号主义和连接主义两大学派，前者认为人类认识的基本元素是符号，认识过程就是一种符号处理过程，其在应用智能技术方面最主要的形式是专家系统；后者主张人类认识的基本元素是神经元本身，认识过程就是大量神经元进行一种并行分布式处理模式的整体活动，其在应用智能技术方面最主要的形式是人工神经网络。

近年来，人们逐渐认识到人类的思维过程是非常复杂的，符号主义与连接主义的研究途径反映了人类思维的两个层次，彼此不能相互代替，而应当相互结合。

5.4.4 智能制造的发展现状

美国是智能制造思想的发源地之一。1989 年，D. A. Bourne 组织完成了首台智能加工工作站（IMW）的样机，被认为是智能制造机器发展史的一个重要里程碑。美国和日本高度重视智能制造系统的研究开发，最引人注目的是由日本在 1990 年 4 月提议和倡导而建立的，包括日本、美国、澳大利亚、加拿大、欧共体和欧洲自由贸易协会 6 个国家和地区的84 个制造业组织成员组成的 IMS 研究中心机构，制订了国际间最大的制造技术计划——IMS 研究计划，其最终目标是研究开发出能使人和智能设备都不受生产操作和国界限制的彼此合作的系统。由于美、日、欧等发达国家都将智能制造视为支撑未来可持续发展的重要制造技术和尖端科学，并认为是国际制造业科技竞争的制高点且有着重大效益，所以他们在该领域的科技协作频繁，参与研究计划的各国制造业力量庞大，大有主宰未来制造技术的趋势。随着美、日、欧等国际智能制造合作组织与机构的建立，IMS 因而受到高度重视。

我国也将智能制造装备产业纳入战略性新兴产业的重要领域全力推动。2010 年 10 月国务院下发的《关于加快培育和发展战略性新兴产业的决定》将高端装备制造业纳入其中，全面开展智能制造技术研究将是发展高端装备制造业的核心内容和促进我国从制造大国向制造强国转变的必然。2012 年 5 月国务院常务会议讨论通过了《"十二五"国家战略性新兴产业发展规划》。会议强调，做大做强智能制造装备，促进制造业智能化、精密化、绿色化发展。2012 年 7 月国务院工业和信息化部颁布的《智能制造装备产业"十二五"发展规划》将智能制造装备明确定义为"具有感知、决策、执行功能的各类制造装备的统称"。

近十年来，我国智能制造装备产业发展迅速。一方面，形成了一定的经济规模；另一方面，形成了一批重点产品，如高速精密加工中心（见图 5-51 和图 5-52）、重型数控镗铣床（见图 5-53）、3.6 万吨黑色金属垂直挤压机等相继研制成功并投入应用，其中高端立卧车铣复合加工中心采用了国产总线式高档数控系统，打破了国外在这一领域长期的垄断；百万千瓦超超临界火电机组、年产 45 万吨合成氨、轨道交通等多项重大工程项目也采用了国产数字控制系统（DCS）；大型轴流式压缩机组、离心式压缩机组（见图 5-54）、施工机械等陆续实现了远程监控和维护诊断，实现了智能化和网络化。

图 5-51　V1600 高速精密滑轨立式加工中心

图 5-52　HBC-l650H 高速加工中心

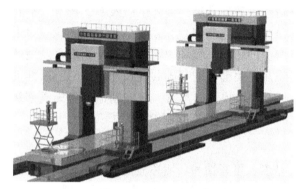

图 5-53　高精度超重型数控龙门移动式镗铣床

图 5-54　离心式压缩机组

目前，国内的智能制造装备主要分布在工业基础发达的东北和长三角地区。以数控机床为核心的智能制造装备产业的研发和生产企业主要分布在北京、辽宁、江苏、山东、浙江、上海、云南和陕西等地区。近年来，辽宁与陕西的发展令人瞩目。同时，工业机器人将是未来智能制造装备发展的一个新热点，北京、上海、广东、江苏将是国内工业机器人应用的主要市场。此外，关键基础零部件及通用部件、智能专用装备产业在河南、湖北、广东等地区也都呈现较快的发展态势。中国智能制造装备产业分布如图 5-55 所示。

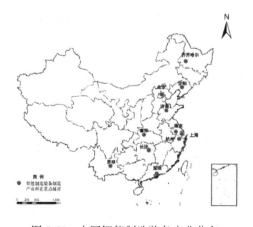

图 5-55　中国智能制造装备产业分布

在"十二五"期间乃至更长一段时期内，智能制造装备将是我国推动工业经济转型升级、发展高端装备制造的重点任务，而离散型工业以及各种装备制造中的控制系统等关键部件将成为未来智能制造装备的发展重点。国家将继续围绕国民经济重点产业发展及战略性新兴产业培育和发展的需要，通过智能化高端装备、制造过程智能化技术与系统、基础技术与部件的研发、示范应用及产业化，提高高端装备、技术与系统的自主率，带动我国制造业技术升级，实现制造业高效、安全及可持续发展。智能制造的发展将对中国优化产业结构和转变经济发展方式产生重要作用，将成为中国从工业大国向工业强国转变的巨大引擎。

5.4.5 我国智能制造的发展方向

智能制造作为高端装备制造业的重点发展方向和信息化与工业化深度融合的重要体现，大力培育和发展智能制造产业对于加快制造业转型升级，提升生产效率、技术水平和产品质量，降低能源资源消耗，实现制造过程的智能化和绿色化发展具有重要意义。"十二五"期间，智能制造将面向国民经济重点产业的转型升级和战略性新兴产业培育发展的需求，以实现制造过程智能化为目标，以突破九大关键智能基础共性技术为支撑，以推进八项智能测控装置与部件的研发和产业化为核心，以提升八类重大智能制造装备集成创新能力为重点，促进在国民经济六大重点领域的示范应用推广。具体内容如下。

1. 九大关键智能基础共性技术

（1）新型传感技术——高传感灵敏度、精度、可靠性和环境适应性的传感技术，采用新原理、新材料、新工艺的传感技术（如量子测量、纳米聚合物传感、光纤传感等），微弱传感信号提取与处理技术。

（2）模块化、嵌入式控制系统设计技术——不同结构的模块化硬件设计技术，微内核操作系统和开放式系统软件技术、组态语言和人机界面技术，以及实现统一数据格式、统一编程环境的工程软件平台技术。

（3）先进控制与优化技术——工业过程多层次性能评估技术、基于海量数据的建模技术、大规模高性能多目标优化技术，大型复杂装备系统仿真技术，高阶导数连续运动规划、电子传动等精密运动控制技术。

（4）系统协同技术——大型制造工程项目复杂自动化系统整体方案设计技术以及安装调试技术，统一操作界面和工程工具的设计技术，统一事件序列和报警处理技术，一体化资产管理技术。

（5）故障诊断与健康维护技术——在线或远程状态监测与故障诊断、自愈合调控与损伤智能识别以及健康维护技术，重大装备的寿命测试和剩余寿命预测技术，可靠性与寿命评估技术。

（6）高可靠实时通信网络技术——嵌入式互联网技术，高可靠无线通信网络构建技术，工业通信网络信息安全技术和异构通信网络间信息无缝交换技术。

（7）功能安全技术——智能装备硬件、软件的功能安全分析、设计、验证技术及方法，建立功能安全验证的测试平台，研究自动化控制系统整体功能安全评估技术。

（8）特种工艺与精密制造技术——多维精密加工工艺，精密成形工艺，焊接、粘接、烧结等特殊连接工艺，微机电系统（MEMS）技术，精确可控热处理技术，精密锻造技术等。

（9）识别技术——低成本、低功耗 RFID 芯片设计制造技术，超高频和微波天线设计技术，低温热压封装技术，超高频 RFID 核心模块设计制造技术，基于深度三维图像识别技术，物体缺陷识别技术。

2. 八项核心智能测控装置与部件

（1）新型传感器及其系统——新原理、新效应传感器，新材料传感器，微型化、智能化、低功耗传感器，集成化传感器（如单传感器阵列集成和多传感器集成）和无线传感器网络。

（2）智能控制系统——现场总线分散型控制系统（FCS）、大规模联合网络控制系统、高端可编程控制系统（PLC）、面向装备的嵌入式控制系统、功能安全监控系统。

（3）智能仪表——智能化温度、压力、流量、物位、热量、工业在线分析仪表、智能变频电动执行机构、智能阀门定位器和高可靠执行器。

（4）精密仪器——在线质谱/激光气体/紫外光谱/紫外荧光/近红外光谱分析系统、板材加工智能板形仪、高速自动化超声无损探伤检测仪、特种环境下蠕变疲劳性能检测设备等产品。

（5）工业机器人与专用机器人——焊接、涂装、搬运、装配等工业机器人及安防、危险作业、救援等专用机器人。

（6）精密传动装置——高速精密重载轴承，高速精密齿轮传动装置，高速精密链传动装置，高精度高可靠性制动装置，谐波减速器，大型电液动力换挡变速器，高速、高刚度、大功率电主轴，直线电机、丝杠、导轨。

（7）伺服控制机构——高性能变频调速装置、数位伺服控制系统、网络分布式伺服系统等产品，提升重点领域电气传动和执行的自动化水平，提高运行稳定性。

（8）液气密元件及系统——高压大流量液压元件和液压系统、高转速大功率液力偶合器调速装置、智能润滑系统、智能化阀岛、智能定位气动执行系统、高性能密封装置。

3. 八类重大智能制造成套装备

（1）石油石化智能成套设备——集成开发具有在线检测、优化控制、功能安全等功能的百万吨级大型乙烯和千万吨级大型炼油装置、多联产煤化工装备、合成橡胶及塑料生产装置。

（2）冶金智能成套设备——集成开发具有特种参数在线检测、自适应控制、高精度运动控制等功能的金属冶炼、短流程连铸连轧、精整等成套装备。

（3）智能化成形和加工成套设备——集成开发基于机器人的自动化成形、加工、装配生产线及具有加工工艺参数自动检测、控制、优化功能的大型复合材料构件成形加工生产线。

（4）自动化物流成套设备——集成开发基于计算智能与生产物流分层递阶设计、具有网络智能监控、动态优化、高效敏捷的智能制造物流设备。

（5）建材制造成套设备——集成开发具有物料自动配送、设备状态远程跟踪和能耗优化控制功能的水泥成套设备、高端特种玻璃成套设备。

（6）智能化食品制造生产线——集成开发具有在线成分检测、质量溯源、机电光液一体化控制等功能的食品加工成套装备。

（7）智能化纺织成套装备——集成开发具有卷绕张力控制、半制品的单位质量、染化料的浓度、色差等物理、化学参数的检测仪器与控制设备，可实现物料自动配送和过程控制的化纤、纺纱、织造、染整、制成品等加工成套装备。

（8）智能化印刷装备——集成开发具有墨色预置遥控、自动套准、在线检测、闭环自动跟踪调节等功能的数字化高速多色单张和卷筒料平版、凹版、柔版印刷装备、数字喷墨印刷设备、计算机直接制版设备（CTP）及高速多功能智能化印后加工装备。

4. 六大重点应用示范推广领域

（1）电力领域——重点推进在百万千瓦级火电机组中实现燃烧优化、设备预测维护功能，在百万千瓦级核电站实现安全控制和特种测量功能，在重型燃气轮机中实现快速启停和复合控制功能，3MW 以上风电机组的主控功能，变桨控制功能，太阳能热电站实现追日控制功能，在智能电网中实现用电管理、用户互动、电能质量改进、设备智能维护功能。

（2）节能环保领域——重点推进在固体废弃物智能化分选装备、智能化除尘装备、污水处理装备上推广应用，实现各种再生原料的高效智能化分选、除尘设备和污水处理装备的自动调节与高效、稳定，在地热发电装备中实现地热高效发电建模与控制功能。

（3）农业装备领域——重点推进在大型拖拉机及联合整地、精密播种、精密施肥、精准植保等配套机具成套机组，谷物、棉花、油菜、甘蔗等联合收获机械，水稻高速插秧机等种植机械装备上的应用，实现故障及作业性能的实时诊断、检测和控制，实现作业过程的智能控制和管理。

（4）资源开采领域——重点推进在煤炭综采设备、矿山机械上应用，实现综采工作面设备信息与环境信息的集成监控、安全环境预警、精确人员定位等功能，在天然气长距离集输设备中实现全线数据采集和监控、运行参数优化、管道泄漏检测定位、站场无人操作或无人值守以及中心远程遥控功能，在油田设备中实现井口关键参数检测、数据处理及集中监测功能。

（5）国防军工领域——重点推进专用机器人、精密仪器仪表、新型传感器、智能工控机在航天、航空、舰船、兵器等国防军工领域的应用。

（6）基础设施建设领域——重点推进在挖掘机、盾构机、起重机、装载机、叉车、混凝土机械等施工装备上应用，实现远程定位、监测、诊断、管理等智能功能，在机场和码头建设领域推广应用，实现机场行李和货物的自动装卸、输送、分拣、存取全过程的智能控制和管理，集装箱装卸的无人操作与数字化管理。

5.5 "工业4.0"战略

5.5.1 概述

"工业4.0"的概念源于2011年德国汉诺威工业博览会，其初衷是通过应用物联网等新技术提高德国制造业水平。在德国工程院、弗劳恩霍夫协会、西门子公司等学术界和产业界的大力推动下，德国联邦教研部与联邦经济技术部于 2013 年将"工业 4.0"项目纳入了《高技术战略 2020》的十大未来项目中，计划投入 2 亿欧元资金，支持工业领域新一代革命性技术的研发与创新。

2013 年 4 月，德国机械及制造商协会、德国信息技术、通信与新媒体协会、德国电子电气制造商协会合作设立了"工业 4.0 平台"，并向德国政府提交了平台工作组的最终报告——《保障德国制造业的未来——关于实施工业 4.0 战略的建议》。报告提出，德国向"工业 4.0"转变需要采取双重策略，即德国要成为智能制造技术的主要供应商和 CPS（信息物理系统）技术及产品的领先市场。报告还展望了德国"工业 4.0"战略的发展前景。随后，德国电气电子和信息技术协会发表了德国首个"工业 4.0"标准化路线图。

"工业 4.0"在德国被认为是第四次工业革命，旨在支持工业领域新一代革命性技术的研发与创新，保持德国的国际竞争力。

5.5.2 "工业 4.0"战略的主要内容

1. "工业 4.0"的进化历程

与美国流行的第三次工业革命的说法不同，德国将制造业领域技术的渐进性进步描述为工业革命的四个阶段，即"工业 4.0"的进化历程（见图 5-56）。

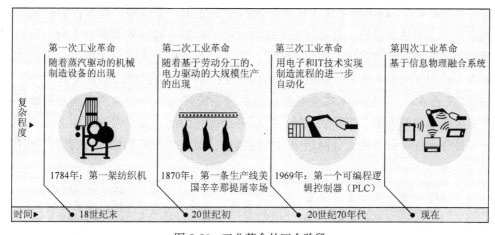

图 5-56　工业革命的四个阶段

（1）工业 1.0。18 世纪 60 年代至 19 世纪中期，通过水力和蒸汽机实现的工厂机械化可称为工业 1.0。这次工业革命的结果是机械生产代替了手工劳动，经济社会从以农业、手工业为基础转型到了以工业以及机械制造带动经济发展的模式。

（2）工业 2.0。19 世纪后半期至 20 世纪初，在劳动分工的基础上采用电力驱动产品的大规模生产可称为工业 2.0。这次工业革命，通过零部件生产与产品装配的成功分离，开创了产品批量生产的新模式。

（3）工业 3.0。始于 20 世纪 70 年代并一直延续到现在，电子与信息技术的广泛应用，使得制造过程不断实现自动化，可称为工业 3.0。自此，机器能够逐步替代人类作业，不仅接管了相当比例的"体力劳动"，还接管了一些"脑力劳动"。

（4）工业 4.0。德国学术界和产业界认为，未来 10 年，基于信息物理系统（Cyber-

Physical System，CPS）的智能化，将使人类步入以智能制造为主导的第四次工业革命。产品全生命周期和全制造流程的数字化以及基于信息通信技术的模块集成，将形成一个高度灵活、个性化、数字化的产品与服务的生产模式。

2. "工业4.0"战略愿景

"工业4.0"为我们展现了一幅全新的工业蓝图：在一个"智能、网络化的世界"里，物联网和务联网（服务互联网技术）将渗透到所有的关键领域，创造新价值的过程逐步发生改变，产业链分工将重组，传统的行业界限将消失，并会产生各种新的活动领域和合作形式。

（1）"工业4.0"将使得工业生产过程更加灵活、坚强。这将使得动态的、适时优化的和自我组织的价值链成为现实，并带来诸如成本、可利用性和资源消耗等不同标准的最优化选择。包括在制造领域的所有因素和资源间形成全新的循环网络、智能产品独特的可识别性、个性化产品定制以及高度灵活的工作环境等。

（2）"工业4.0"将发展出全新的商业模式和合作模式。这些模式将力争确保潜在的商业利润在整个价值链所有利益相关人之间公平地共享，包括那些新进入的利益相关人。同时，"工业4.0"、"网络化制造"、"自我组织适应性强的物流"和"集成客户的制造工程"等特征，也使得它追求新的商业模式以率先满足动态的商业网络而非单个公司，这将引发一系列诸如融资、发展、可靠性、风险、责任和知识产权以及技术安全等问题。

（3）"工业4.0"将带来工作方式和环境的全新变化。全新的协作工作方式使得工作可以脱离工厂，通过虚拟的、移动的方式开展。员工将拥有高度的管理自主权，可以更加积极地投入和调节自己的工作。同时，随着工作环境和工作方式的巨大改变，可以大幅度提升老年人和妇女的就业比例，确保人口结构的变化不会影响当前的生活水平。

（4）"工业4.0"将促进形成全新的信息物理系统平台。全新的信息物理系统平台能够联系到所有参与的人员、物体和系统，将提供全面、快捷、安全可靠的服务和应用业务流程，支持移动终端设备和业务网络中的协同制造、服务、分析和预测流程等，如图5-57所示。

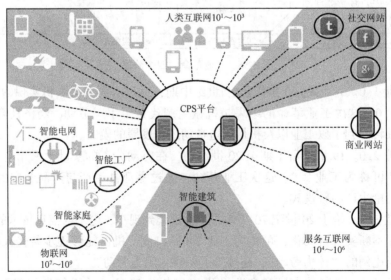

图5-57　"工业4.0"的信息物理系统平台框架

3. "工业4.0"战略要点

德国"工业4.0"战略的要点可以概括为：建设一个网络、研究两大主题、实现三项集成、实施八项计划。

（1）建设一个网络：信息物理系统网络。信息物理系统就是将物理设备连接到互联网上，让物理设备具有计算、通信、精确控制、远程协调和自治五大功能，从而实现虚拟网络世界与现实物理世界的融合。CPS可以将资源、信息、物体以及人紧密联系在一起，从而创造物联网及相关服务，并将生产工厂转变为一个智能环境。这是实现"工业4.0"的基础。

（2）研究两大主题：智能工厂和智能生产。"智能工厂"是未来智能基础设施的关键组成部分，重点研究智能化生产系统及过程以及网络化分布生产设施的实现。"智能生产"的侧重点在于将人机互动、智能物流管理、3D打印等先进技术应用于整个工业生产过程，从而形成高度灵活、个性化、网络化的产业链。生产流程智能化是实现"工业4.0"的关键。

（3）实现三项集成：横向集成、纵向集成与端对端的集成。"工业4.0"将无处不在的传感器、嵌入式终端系统、智能控制系统、通信设施通过CPS形成一个智能网络，使人与人、人与机器、机器与机器以及服务与服务之间能够互联，从而实现横向、纵向和端对端的高度集成。"横向集成"是企业之间通过价值链及信息网络所实现的一种资源整合，是为了实现各企业间的无缝合作，提供实时产品与服务；"纵向集成"是基于未来智能工厂中网络化的制造体系，实现个性化定制生产，替代传统的固定式生产流程（如生产流水线）；"端对端集成"是指贯穿整个价值链的工程化数字集成，是在所有终端数字化的前提下实现的基于价值链与不同公司之间的一种整合，这将最大限度地实现个性化定制。

（4）实施八项计划：实施八项计划是"工业4.0"得以实现的基本保障。一是标准化和参考架构。需要开发出一套单一的共同标准，不同公司间的网络连接和集成才会成为可能。二是管理复杂系统。适当的计划和解释性模型可以为管理日趋复杂的产品和制造系统提供基础。三是一套综合的工业宽带基础设施。可靠、全面、高品质的通信网络是"工业4.0"的一个关键要求。四是安全和保障。在确保生产设施和产品本身不能对人和环境构成威胁的同时，要防止生产设施和产品滥用及未经授权的获取。五是工作的组织和设计。随着工作内容、流程和环境的变化，对管理工作提出了新的要求。六是培训和持续的职业发展。有必要通过建立终身学习和持续职业发展计划，帮助工人应对来自工作和技能的新要求。七是监管框架。创新带来的诸如企业数据、责任、个人数据以及贸易限制等新问题，需要包括准则、示范合同、协议、审计等适当手段加以监管。八是资源利用效率。需要考虑和权衡在原材料和能源上的大量消耗给环境和安全供应带来的诸多风险。

总的来看，"工业4.0"战略的核心就是通过CPS网络实现人、设备与产品的实时连通、相互识别和有效交流，从而构建一个高度灵活的个性化和数字化的智能制造模式（见图5-58）。在这种模式下，生产由集中向分散转变，规模效应不再是工业生产的关键因素；产品由趋同向个性的转变，未来产品都将完全按照个人意愿进行生产，极端情况下将成为自动化、个性化的单件制造；用户由部分参与向全程参与转变，用户不仅出现在生产流程的两端，而且广泛、实时参与生产和价值创造的全过程。

图 5-58 "工业 4.0" 框架下的智能制造模式

4. "工业 4.0" 的本质

"工业 4.0" 本质是基于 "信息物理系统"，实现 "智能工厂"。

"工业 4.0"，其实就是实现 "智能工厂"。第一次工业革命始于 18 世纪后半期由蒸汽机实现工厂的机械化；第二次工业革命始于 19 世纪后半期用电力来实现大规模化批量生产；第三次工业革命始于 20 世纪后半期通过电气和信息技术实现制造业的自动化。

"工业 4.0" 将在前三次工业革命的基础上进一步进化，基于信息物理系统实现新的制造方式。信息物理系统是指通过传感网络紧密连接现实世界，将网络空间的高级计算能力有效运用于现实世界中，从而在生产制造过程中，与设计、开发、生产有关的所有数据将通过传感器采集并进行分析，形成可自律操作的智能生产系统。

5. "工业 4.0" 的核心

"工业 4.0" 的核心是动态配置的生产方式，主要是指从事作业的机器人（工作站）能够通过网络实时访问所有有关信息，并根据信息内容，自主切换生产方式以及更换生产材料，从而调整成为最匹配模式的生产作业。动态配置的生产方式能够实现为每个客户、每个产品进行不同的设计、零部件构成、产品订单、生产计划、生产制造、物流配送，杜绝整个链条中的浪费环节。与传统生产方式不同，动态配置的生产方式在生产之前或者生产过程中，都能够随时变更最初的设计方案。

例如，目前的汽车生产主要是按照事先设计好的工艺流程进行的生产线生产方式。尽管也存在一些混流生产方式，但是生产过程中，一定要在由众多机械组成的生产线上进行，所以不会实现产品设计的多样化。管理这些生产线的 MES（制造执行管理系统）原本应该带给生产线更多的灵活性，但是受到构成生产线的众多机械的硬件制约，无法发挥出更多的功能，作用极为有限。

同时，在不同生产线上操作的工人分布于各个车间，他们都不会掌握整个生产流程，所以也只能发挥出在某项固定工作上的作用。这样一来，很难实时满足客户的需求。

"工业4.0"描绘的智能工厂中，固定的生产线概念消失了，采取了可以动态、有机地重新构成的模块化生产方式。

例如，生产模块可以视为一个"信息物理系统"，正在进行装配的汽车能够自律地在生产模块间穿梭，接受所需的装配作业。其中，如果生产、零部件供给环节出现瓶颈，能够及时调度其他车型的生产资源或者零部件，继续进行生产。也就是为每个车型自律性选择适合的生产模块，进行动态的装配作业。在这种动态配置的生产方式下，可以发挥出MES原本的综合管理功能，能够动态管理设计、装配、测试等整个生产流程，既保证了生产设备的运转效率，又可以使生产种类实现多样化。

6. "工业4.0"的首要目标

"工业4.0"的首要目标是工厂标准化。德国工业影响力的一个侧面就是"标准化"。PLC编程语言的国际标准IEC 61131-3（PLCopen）主要是来自德国企业；通信领域普及的CAN、Profibus以及EtherCAT也全都诞生于德国。

"工业4.0"工作组认为，推行"工业4.0"需要在8个关键领域采取行动，其中第一个领域就是"标准化和参考架构"。标准化工作主要围绕智能工厂生态链上各个环节制定合作机制，确定哪些信息可被用来交换。为此，"工业4.0"将制定一揽子共同标准，使合作机制成为可能，并通过一系列标准（如成本、可用性和资源消耗）对生产流程进行优化。

以往，我们听到的大多是"产品的标准化"，而德国"工业4.0"将推广"工厂的标准化"，借助于智能工厂的标准化将制造业生产模式推广到国际市场，以标准化提高技术创新和模式创新的市场化效率，继续保持德国工业的世界领先地位。

5.5.3 "工业4.0"战略的目的与意图

（1）积极应对新科技产业革命，争夺国际产业竞争话语权的重要举措。美国等发达国家纷纷把重振制造业作为近年来最优先的战略议程。当前，信息通信、新能源、新材料、生物等领域的多点突破，正孕育和催生新一轮科技和产业变革。为在国际竞争中赢得主动权，2009年年初美国开始调整经济发展战略，同年12月公布《重振美国制造业框架》；2011年6月和2012年2月相继启动《先进制造业伙伴计划》和《先进制造业国家战略计划》，并通过积极的工业政策，鼓励制造企业重返美国。从实际效果看，美国制造业占GDP的比重从2010年的12%回升至2013年的15%。此外，日本、韩国等也特别重视对以信息技术、新能源为代表的新兴产业的扶持。例如，2009年3月，日本出台信息技术发展计划，促进IT技术在医疗、行政等领域的应用；同年4月推出新增长策略，支持环保型汽车、电力汽车、太阳能发电等产业的发展。韩国制定《新增长动力规划及发展战略》，将绿色技术、尖端产业等领域共17项新兴产业确定为新增长动力。

中国等新兴经济体在全球制造业领域的影响力和竞争力迅速提升。1990—2011年间，传统工业化国家制造业增加值平均增长了17%，而以金砖四国（中国、俄罗斯、印度、巴西）为代表的新兴工业国家则增长了179%。在新兴经济体中，中国制造业产出约占全球的20%，成为全球制造业第一大国。同时，中国政府制定了《工业转型升级规划》、《国家战略性新兴产业发展规划》等，积极推动制造业的转型提升。2011 年，印度通信和信息技术部正式启动 "信息物理系统创新中心"，开展包括人形机器人在内的多个领域的研究。根据 Zebra Tech 公司的最新调查，即便目前，印度企业使用物联网技术的水平也位于世界前列。

德国极力通过战略调整指引企业积极争夺国际制造业竞争制高点。新一代信息通信技术的发展，催生了移动互联网、大数据、云计算、工业可编程控制器等的创新和应用，推动了制造业生产方式和发展模式的深刻变革。在这一过程中，尽管德国拥有世界一流的机器设备和装备制造业，尤其在嵌入式系统和自动化工程领域更是处于领先地位，但德国工业面临的挑战及其相对弱项也十分明显。一方面，机械设备领域的全球竞争正日趋激烈，不仅美国积极重振制造业，亚洲的机械设备制造商也正奋起直追，威胁德国制造商的地位。另一方面，软件与互联网技术是德国工业的相对弱项。为了保持作为全球领先的装备制造供应商以及在嵌入式系统领域的优势，面对新一轮技术革命的挑战，德国提出自己的 "工业 4.0" 战略，目的就是充分发挥德国的传统优势，大力推动物联网和服务互联网技术在制造业领域的应用，在向工业化第四阶段迈进的过程中先发制人，与美日等国争夺新科技产业革命的话语权。

（2）顺应全球制造业发展新趋势，推进智能制造新模式的客观要求。信息技术在装备、管理、交易等环节的应用不断深化，推动柔性生产、智能制造和服务型制造日益成为生产方式变革的重要方向。信息网络技术的广泛应用，使得集成了生产经验、成熟工艺、科学方法的全自动生产线加快普及，不仅大大提高了生产效率，还极大地促进了生产过程的无缝衔接和企业间的协同制造。互联网理念扩展到工业生产和服务领域，催生了众包设计、个性化定制等新模式，将促进生产者与消费者实时互动，使得企业生产出来的产品不再大量趋同而是更具个性化。信息技术、大数据等的广泛应用，还不断推动企业生产从以传统的产品制造为核心转向提供具有丰富内涵的产品和服务，直至为顾客提供整体解决方案。互联网企业与制造企业、生产企业与服务企业之间的边界日益模糊。越来越多的事实表明，信息技术特别是互联网技术的发展和应用正以前所未有的广度和深度，加快推进制造业生产方式、发展模式的深刻变革。

（3）通过信息网络与物理生产系统的融合来改变当前的工业生产与服务模式，成为企业提高产品附加值、增强市场竞争力的重要手段。在 "工业 4.0" 时代，产品与生产设备之间、不同的生产设备之间，通过数据交互连接到一起，让工厂内部纵向之间甚至工厂与工厂横向之间都能成为一个整体，从而形成生产的智能化。2013 年德国 Zeiss 集团在欧洲机床展上展示了一套名为 PiWeb 的系统。该系统能够实现跨国公司分布在不同地区工厂的机器测量数据的网络共享，实现全球不同工厂数据的同步监测。德国的博世、奔驰和大众等公司已经开始使用这套系统。此外，在 2014 年的汉诺威工业博览会上，德国展示了共有 10 家企业联合参与研发的全球第一个 "工业 4.0" 演示系统，以证明该概念实现的可能性。这表明，德国不仅能够向全球提供利用智能制造系统生产的工业产品，也力图成为先进智能制造技术的创造者和供应者，由此促进德国制造业智能化、服务化。

5.5.4 "工业 4.0" 战略对中国制造业未来发展的影响

德国 "工业 4.0" 战略与我国提出的两化深度融合有很多相通之处。在某种程度上，两化融合可称为我国工业的 3.0，两化深度融合可以说是我国工业的 4.0。在新的发展背景下，只有将信息化的时代特征与我国工业化历史进程紧密结合起来，把两化深度融合作为主线，才能为推动工业转型升级注入新的动力，也才能在向工业化迈进的过程中占得先机。主要举措包括以下几个方面。

（1）超前部署建设国家信息物理系统网络平台。信息物理系统将改变人类与物理世界的交互方式，而能源、材料和信息三种资源高度融合，将使未来产业发生真正革命性的变革，对未来世界产生深远影响。美、德等世界工业强国都高度重视信息物理空间构建，加强战略前瞻部署，并取得积极研究进展。中国要决胜未来的竞争，必须在构建信息物理系统网络平台上先行一步。一方面，在国家新的信息化发展战略中加强对 CPS 的总体布局，研究制定 CPS 建设的战略目标、重点任务、发展路径和政策举措。同时，在制造业发展、智慧城市建设、国家网络和信息安全等工作中加强前瞻部署和应用推广。另一方面，可借鉴美国组建"国家制造创新网络中心"的做法，组建一批国家信息物理系统网络平台，负责承担基础理论研究，组织力量研发突破 CPS 软件、传感器、移动终端设备等工具和装备，推动重点行业企业的开发应用。

（2）启动国家智能制造重大专项工程。智能制造已成为全球制造业发展的新趋势，智能设备和生产手段在未来必将广泛替代传统的生产方式。当前，我国在智能测控、数控机床、机器人、新型传感器、3D 打印等领域，初步形成完整的产业体系。但总体看，我国制造业发展仍然以简单地扩大再生产为主要途径，通过智能产品、技术、装备和理念改造提升传统制造业的任务艰巨而迫切。从国家层面应启动实施智能制造专项工程，加强技术攻关，开展应用示范，推动制造业向智能化发展转型。一是重点突破智能机器人。开展智能机器人及智能装备系统集成、设计、制造、试验检测等核心技术研究，攻克精密减速器、伺服驱动器、传感器等关键零部件。二是开展数字工厂应用示范。在全国范围内分行业分区域选取试点示范企业，给予扶持，建设数字制造的示范工厂，发挥其"种子"作用。三是推动制造业大数据应用。以行业龙头企业为先导，鼓励其应用大数据技术提升生产制造、供应链管理、产品营销及服务等环节的智能决策水平和经营效率。

（3）用标准引领信息网络技术与工业融合。"工业 4.0"战略的关键是建立一个人、机器、资源互联互通的网络化社会，各种终端设备、应用软件之间的数据信息交换、识别、处理、维护等必须基于一套标准化的体系。为了保障"工业 4.0"的顺利实现，德国把标准化排在八项行动中的第一位，同时建议在"工业 4.0"平台下成立一个工作小组，专门处理标准化和参考架构的问题。2013 年 12 月，德国电气电子和信息技术协会发表了德国首个"工业 4.0"标准化路线图。可以说，标准先行是"工业 4.0"战略的突出特点。为此，在推进信息网络技术与工业企业深度融合的具体实践中，也应高度重视发挥标准化工作在产业发展中的引领作用，及时制定出台"两化深度融合"标准化路线图，引导企业推进信息化建设。同时，还要着力实现标准的国际化，使得中国制定的标准得到国际上的广泛采用，以夺取未来产业竞争的制高点和话语权。

（4）构建有利于工业转型升级的制度保障体系。德国"工业 4.0"战略十分重视产业创新、组织创新与现有制度相冲突的问题。"工业 4.0"一方面增加了管控的复杂性，技术标准的制定需要符合相应的法律法规；另一方面也需要制定相应的规章制度促进技术创新。"工业 4.0"采取了一系列措施以加强制度保障,比如设立处理各类问题的专职工作组,制定和实施安全性支撑行动,建立培训和再教育制度等。我国在推动工业转型升级的问题上,也同样面临制度保障方面的相关问题。因此,非常有必要建立和完善有利于工业转型升级的长效机制,比如知识产权保护制度,节能环保、质量安全等重点领域的法律法规,人才培养和激励机制等,从而形成推动工业转型升级的制度保障。

(5)产学研用联合推动制造业创新发展。德国"工业 4.0"是由德国工程院、弗劳恩霍夫协会、西门子公司等联合发起的,工作组成员也是由产学研用多方代表组成的。因此,"工业 4.0"战略一经提出,很快得到了学术界、产业界的积极响应。事实上,政府支持产学研合作的动机不单纯来自于市场考量,通过产学研合作创新促进竞争往往成为发达国家重要的战略意图。我国应该充分吸收和借鉴发达国家产学研用联合模式,一方面,针对不同类型自发的产学研合作网络或产业研发联盟,政府要通过引导和支持的方式促进其发展;另一方面,选择几个重点行业和关键技术领域进行试点,以行业骨干企业为龙头,联合科研实力雄厚的大学和科研机构,组建多种形式的产学研联盟,充分调动各方资源和力量,共同推进技术研发和应用推广。

本章小结

本章以增材制造与 3D 打印、纳米制造、生物制造、智能制造、"工业 4.0"战略等典型技术为例,介绍了当前机械工程技术的新发展,主要包括基本概念、特点、分类、应用领域以及发展趋势等方面。

习　题

5-1　简述增材制造技术的分类与特点。

5-2　举例说明增材制造的应用领域。

5-3　什么是广义增材制造技术?

5-4　什么是 3D 打印?试分析其未来发展趋势。

5-5　简述纳米制造的定义及特征。

5-6　纳米制造的加工原理包括哪些?

5-7　纳米制造的加工技术分几类?试举例说明。

5-8　生物制造的原理是什么?有何应用?

5-9　你对生物制造有何认识?试分析生物制造技术与传统机械制造的联系和差别。

5-10　简述生物制造的研究领域及主要成果。

5-11　什么是智能制造?

5-12　智能制造系统的研究内容和特征是什么?

5-13　举例说明智能制造的关键技术有哪些?

5-14　简要说明"工业 4.0"战略愿景与战略要点。

5-15　试述"工业 4.0"战略对中国制造业未来发展的影响。

第6章　现代机械工程教育

6.1　机械工程教育体系

当我们在邻居家或者是幼儿园遇到小朋友问起他们今后的理想时，很多人都会回答"当科学家"。高考时，很多人源于儿时当科学家的理想，选择了填报"理工类"，最后来到了机械工程系。其实高考时的理工类只是区别于文史类、艺术类的，并不是仅包括理学和工学。根据教育部2012年9月公布的《普通高等学校本科专业目录（2012年）》，我国高等学校普通本科专业目录包括哲学、经济学、法学、教育学、文学、历史学、理学、工学、农学、医学、管理学、艺术学等12个学科门类。理学属于科学，工学包括技术和工程。因此，在介绍机械工程教育体系之前，学习科学、技术、工程这些概念是有意义的。

6.1.1　科学、技术和工程

1999年版《辞海》中给出的科学定义为运用范畴、定理、定律等思维形式反映现实世界各种现象、本质、规律的知识体系。

法国《百科全书》则这样描述："科学首先不同于常识，科学通过分类，以寻求事物之中的条理。此外，科学通过揭示支配事物的规律，以求说明事物。"

《现代科学技术概论》给出的定义："可以简单地说，科学是如实反映客观事物固有规律的系统知识。"

世界知识产权组织在1977年版的《供发展中国家使用的许可证贸易手册》中，给技术下的定义是："技术是一种制造一种产品的系统知识，所采用的一种工艺或提供的一项服务，不论这种知识是否反映在一项发明、一项外形设计、一项实用新型或者一种植物新品种，或者反映在技术情报或技能中，或者反映在专家为设计、安装、开办或维修一个工厂或为管理一个工商业企业或其活动而提供的服务或协助等方面。"这是至今为止国际上给技术所下的最为全面和完整的定义。实际上知识产权组织把世界上所有能带来经济效益的科学知识都定义为技术。

"工程"是科学的某种应用，通过这一应用，使自然界的物质和能源的特性能够通过各种结构、机器、产品、系统和过程，是以时间最短和精而少的人力做出高效、可靠且对人类有用的东西。

随着人类文明的发展，人们可以建造出比单一产品更大、更复杂的产品，这些产品不再是结构或功能单一的东西，而是各种各样的所谓"人造系统"（例如建筑物、轮船、铁路工程、海上工程、飞机等），于是工程的概念就产生了，并且它逐渐发展为一门独立的学科和技艺。

在现代社会中，"工程"一词有广义和狭义之分。就狭义而言，工程定义为"以某组设想的目标为依据，应用有关的科学知识和技术手段，通过一群人的有组织活动将某个（或某些）现有实体（自然的或人造的）转化为具有预期使用价值的人造产品的过程"。就广义而言，工程则定义为由一群人为达到某种目的，在一个较长时间周期内进行协作活动的过程。

简言之，科学活动以发现为核心，其成果主要形式是理论，活动主角是科学家。技术活动以发明为核心，其成果主要形式是发明、专利、技术诀窍等，活动主角是发明家。工程活动以建造为核心，其主要成果是物质产品和物质设施，活动主角是工程师、企业家和工人。

工程是人们综合运用科学理论和技术手段去改造客观世界的实践活动，是一种创造性的活动。工程技术对社会进步、经济增长具有重要的推动作用，这是有目共睹的。面对变化了的当今世界，工程学科间的交叉与融合日益明显，现代工程作为一个多学科的综合体，越来越依赖于社会、政治、经济、环境、法律和文化背景。事实证明，工程技术人才对于一个国家的科技水平及国际地位有着决定性的影响，重视学生工程能力的培养已经成为世界各国高等工程教育的共识和新的趋势。

6.1.2 机械工程教育发展历程

1949 年以前，我国仅有十几所高等学校设有机械工程专业。这些学校主要集中在大城市和沿海省市。在设有机械工程专业的学校中，教会学校和私立学校占较大的比重。

机械工程教育的发展经历了一个不断改革、调整、提高的过程。在发展国民经济第一个五年计划期间，为满足建设需要，在高等学校中增设了许多机械工程方面的专业和专业点，新办了大批中专和技工学校，扩大了招生量。到 1954 年，高等学校中机械专业的在校生达到 20788 人。在发展数量的同时，教育质量也不断提高。1958 年，机械工程教育在数量上又有很大的增长，在校学生人数达到 65733 人。1961 年前后，随着国民经济的调整、巩固、充实、提高，机械工程教育事业又进行了调整，并得到了积极稳步地发展。到 1965 年，全国高等学校中机械工程专业的在校生已达到 88593 人。在"文化大革命"时期教育事业遭到破坏，高等学校取消招生考试，改为推荐入学，质量下降，数量锐减。1976 年全国高等学校机械工程专业在校生降为 53099 人，仅为 1965 年的 59.9%。1977 年恢复了统一考试招生制度。

1978 年以后，教育成为四化建设的战略重点之一。机械工程教育加快了发展速度，高等教育方面采取了多层次、多规格、多种形式办学的方法，充分发挥了办学潜力。高等院校通过举办分校、夜大学、函授大学、电视大学、大专班、干部专修科等，成倍地扩大招生人数。1984 年全国机械工程专业的在校生达 134687 人。另一方面培养研究生的工作也得到加强。到 1984 年底，全国共有机械工程专业博士研究生培养点 78 个，硕士研究生培养点 214 个，有上千名学生在攻读博士和硕士学位。国家还派遣了许多机械工程专业的学生到其他国家学习。扩招前的 1998 年，全国高校在校学生为 340.87 万人，其中工科在校学生 135.46 万人，工科生比例近 40%。1999 年，中国的高等教育开始跨越式发展，当年的扩招比例高达 47%。经过 1999 年至 2005 年的扩招，高等教育毛入学率由 1998 年的 9.8% 提高到 2006 年的 22%。2006 年我国工科高校在校生突破 600 万人。按照《国家中长期教育改革和发展规划纲要（2010—2020 年）》对 2020 年高等教育在校生 3300 万人的规模估计，2020 年我国工程教育在校生将在 1000 万人左右。我国的工程教育规模已经迅速扩大并已成为世界之最。

6.1.3 机械工程教育体系

我国的高等工程教育在形式上正进一步多样化，在结构上正进一步合理化，正在形成一个包含不同学历层次和不同学位类型的高等工程教育组织体系框架，即包含高职高专教育、普通本科教育、研究生教育三个学历层次，学术型学位和专业型学位两种学位类型。

在这个体系内，不同的学历层次、不同的教育类型其教育教学的组织方式又有差别。

1. 高职高专教育

这是高等教育的专科层次，它以培养高等技术应用型专门人才为任务。"高职"是相对"教育类型"而言，"专科"是相对"学历"而言。目前在这个层面，只存在学历即毕业证书而不涉及学位问题。其组织专业教学的原则是以职业岗位群或行业为主，兼顾了学科分类。按照国家 2005 年颁布的《普通高等学校高职高专教育指导性专业目录（试行）》，高职高专教育分设农林牧渔、交通运输、生化与药品、资源开发与测绘、材料与能源、土建、水利、制造、电子信息、环保气象与安全、轻纺食品、财经、医药卫生、旅游、公共事业、文化教育、艺术设计传媒、公安、法律 19 个大类，下设 78 个二级类，共532 种专业。其中很大比例的专业类型属于工程教育的范畴。

2. 普通本科教育

这是高等教育的本科层次，它是培养高级专门人才的专业教育，侧重于打好现代科学文化基础，并进行初步的专业训练。

根据教育部 2012 年 9 月公布的《普通高等学校本科专业目录（2012 年）》，工学（包含的二级类范畴和在学规模）是最大的学科门类，共分 31 个二级类，详见表 6-1。在这个阶段工科学生取得的是本科学历，工学学士学位。机械类下设 8 个专业，详见表 6-2。

表 6-1 普通高等学校专业目录：工学及其二级类名称

08	学科门类：工学		
0801	力学类	0817	轻工类
0802	机械类	0818	交通运输类
0803	仪器类	0819	海洋工程类
0804	材料类	0820	航空航天类
0805	能源动力类	0821	兵器类
0806	电气类	0822	核工程类
0807	电子信息类	0823	农业工程类
0808	自动化类	0824	林业工程类
0809	计算机类	0825	环境科学与工程类
0810	土木类	0826	生物医学工程类

08	学科门类：工学		
0811	水利类	0827	食品科学与工程类
0812	测绘类	0828	建筑类
0813	化工与制药类	0829	安全科学与工程类
0814	地质类	0830	生物工程类
0815	矿业类	0831	公安技术类
0816	纺织类		

表 6-2　普通高等学校专业目录：机械类及其专业名称

0802	机械类		
080201	机械工程	080205	工业设计
080202	机械设计制造及其自动化	080206	过程装备与控制工程
080203	材料成形及控制工程	080207	车辆工程
080204	机械电子工程	080208	汽车服务工程

3. 研究生教育

这是高等教育的研究生层次，相对于本科教育来说，虽然也是培养高级专门人才的专业教育，但它侧重于在加深加宽基础理论的基础上，通过科学研究实践，使学生深入探索某一学科领域，并实现新的认识甚至创造。虽然研究生教育学科门类的划分与本科教育相同，但研究生教育是在 11 个学科门类下划分为 88 个一级学科，88 个一级学科下分为 381 种二级学科；虽然研究生教育的一级学科和本科生培养的二级类之间有一定的交叉，这是因为人才层次不同而产生的需要的不同形成的。

工程教育中的研究生教育又分为硕士、博士两个学历层次，对应于工学硕士、工学博士和工程硕士、工程博士两种学位类型。工程硕士和工程博士属于专业学位，其中工程硕士是现有的 38 种专业学位硕士中的一种，它又是按照"工程领域"的组织形式进行人才培养的，目前的工程硕士划分的"工程领域"共有 40 个。工程博士是 5 种博士专业学位的一种（其他四种分别是口腔医学博士、教育博士、兽医博士和临床医学博士），是刚刚出现的工程教育类型。

6.2　学生能力结构与培养

6.2.1　工科学生的工程能力结构

1. 工程能力的内涵

能力是完成某种活动所具备的稳定的个性心理特征，是在运用智力、知识和技能的过程中，经过反复训练获得的、在认识和改造世界过程中所表现出来的心身能量。它包括一般能力和特殊能力，一般能力是指在一般活动中表现出来的能力，如思维能力、学习能力、观察力、记忆力等。特殊能力是指在特定的实践活动中所必须具备的能力，如分析能力、创新能力、组织能力、协调能力等。

工科学生的工程能力，特指学生的综合素质在工程实践活动中的实际本领和能量，高等工程教育的培养目标是现代工程师。

2. 工程人才的分类

工程是人们综合应用科学理论和技术手段去改造客观世界的实践活动。现代工程的科学性、社会性、实践性、创造性、复杂性特点日益突出，工作内容也在不断扩展，形成一个由研究—开发—设计—制造—运行—营销—管理等环节组成的工程链。该链的每一个环节都存在着大量的技术和经济问题，表明现代工程需要一大批能够综合地应用现代科学理论和技术手段，懂经济，会管理高素质的工程技术人才。

人们对工程技术人才的分类有不同的认识，比较多的研究者认为，工程技术人才可分为以下4类。

（1）工程科学型。既具有工程专业背景，又具有科学技术素养和理论基础，以从事工程科学的研究为主，能解决工程实践中的科学和技术问题，提出具有实际意义的理论和方向。在我国，一些重点高等学校应培养一定比例的工程科学型人才，这些人才经过研究生阶段的培养后，可成为工程科学研究领域的骨干。

（2）应用开发型。具有较高的综合思维和创新能力、较广博的知识和较深厚的工程实践经验，善于创造性地将科学技术知识运用到工程实践中去，主要从事新产品、新工艺的开发、设计等工作。我国高等工科院校应将培养此类人才作为目标之一。

（3）工程技术型。具有比较系统的基础理论知识、较强的生产知识和工程技术能力及丰富的工程实践经验，主要从事生产第一线的设计、制造、运行、检测等工作。此类人才在我国高等学校的本科生和高等职业技术教育学生中应占有一定的比例。

（4）工程管理型。具有工程背景和经济、管理、金融、贸易等跨学科的知识，具有较强的决策、组织协调和管理能力，主要在企事业单位中从事工程规划、技术管理、经营等工作。此类人才在高等学校本科生中应占有一定的比例。

除了一般能力外，作为现代工程师还应具备以下五个方面的能力：

（1）能正确判断、解决工程实际问题的系统分析与综合能力；

（2）能进行广泛交流、文字处理和语言表达的能力；

（3）懂得如何去设计、开发复杂技术系统的创造、创新能力；

（4）了解工程与社会间的复杂关系，能胜任跨学科合作的协调和合作能力；

（5）能适应并胜任多变的职业领域，终生学习的能力。

3. 工程能力的结构

根据我国经济、社会对工程技术人员的要求，高等工程教育所培养的学生应该具有：知识的学习与应用能力、思维判断与分析能力、工程设计与实践能力、表达与交流能力、创造创新能力，这就是工科学生的工程能力之结构组成。

1）知识的学习与应用能力

工科院校的毕业生必须具备数理、计算机等基础知识的学习与应用能力，相关专业知识的学习与应用能力，跨学科知识的摄取与应用能力，社会、人文等知识的学习与应用能力。此外，由于科学技术的迅猛发展，交叉学科、边缘学科不断出现，发明创造、知识积累与更新呈指数增长，原有的知识和技能很快就不够用或过时。世界性的就业压力、职业频繁变动，要想在激烈竞争中生存和取胜，还必须具有终身学习的能力，活到老、学到老，不断进行有目的的知识充电。

2）思维判断与分析能力

客观世界变幻莫测，这就要求工程技术人员熟练掌握文献情报检索技术，密切注视国内外相关领域的科技、生产、经济、能源、政治、文化、环境等信息，在此基础上进行分析利用，运用大工程整体意识、系统分析与综合能力进行独立观察与判断，形成独到的研究方向。

3）工程设计与实践能力

工程与科学的一个显著区别是工程的实践性，理论与实际相结合是工程的灵魂。因此，工科学生应当具备基本实验测试能力、工程设计与规划能力，以及方案的实施能力，实际动手能力，设备的操作与维护能力，计算机等基本操作与软件应用能力。

4）表达与交流能力

一项工程实践活动往往与社会各个方面发生联系，涉及多种学科、多个部门，一些大的工程技术任务、课题必须应用不同领域的知识才能完成。学会做人、培养团队协作精神、学会与人共事成为未来工程师的通行证。所以，语言表达与文字处理能力、人际沟通与交流能力、组织协调能力、工程管理能力十分重要。

5）创造创新能力

工程是解决现实世界的实际问题，其核心是创造性；工程以将科学技术转化为生产力为根本任务，这种转化就是一种创新。无论是工程科学或是工程应用，唯有创造和创新才有生命力。工科学生必须树立创新意识，训练自己的创造性思维能力，掌握创新方法与创新技巧，并灵活应用于实际。

6.2.2 当前工程教育中遇到的问题

教育属于上层建筑，一定要与经济基础的发展相适应。建国初期，我国全盘借鉴前苏联的专业人才培养模式，专业划分很细，课程讲授重视理论和完整性，这与当时实行的计划经济相适应。学生毕业后，由国家统一分配。当时机械类的大学生一般要在基层实习一年左右，在这一年期间完成从学生到助理工程师的转变。由于多数专业技术人员在一个单位工作一辈子，工厂也觉得付出一年左右时间培养大学生熟悉工作责无旁贷。

1992年开始的国企改制，导致了国企不可能像以前那样大规模地接收大学生。1996年大学生就业开始了双向选择、自由择业的试点，到1998年大学生由国家分配工作的制度基本取消。同时为了满足民众对高等教育的渴求，1999年大学开始了扩招，录取的新生不断创新高，高等教育已经成为大众教育。这一系列的改革意味着大学生毕业后面临严峻的就业压力。

随着经济体制改革的不断深入，众多民营企业迅速发展，越来越多的大学毕业生进入相应的企业工作。民营企业用人机制灵活，要求一专多能。整个社会对人才流动给予了宽松的环境，因此大学毕业生不再像以前那样"岗位终身制"，而是有很多机会可以选择到更适合自己发展的岗位，这极大地促进了人才的正向流动。但是也使大学生在就业时更加困难，因为人才在企业服务的周期缩短了，每个企业都不再愿意承担学生初入职场长达一年左右的培训。华南理工大学学生撰写的《转型期大学生就业问题及其对策研究——基于全国 29 个省市自治区的调查分析》中指出：招来的大学生平均一两年就要跳槽，往往是刚刚在企业完成培训，到了"上手"的时候就走，企业相当于"为他人作嫁衣裳"。在调研结果中，毕业 5 年以内的大学生跳槽两次及以上的竟然超过 70%！与此同时众多的企业在招聘中要求"具有相关工作经验"，为的是能够尽快适应岗位的要求。同时，由于大规模扩招使得校内学生人均实验资源少于以往；伴随着国企的经济体制改革，一些企业也大大减少了接受实习学生的规模。因此实践性很强的机械类专业毕业生在用人单位的表现和期望出现了很大的差异。

当前用人单位对机械类人才培养提出了更高的期望：懂得专业、通晓经济、善于沟通、勇于创新。

6.2.3 机械工程专业学生的能力结构

机械类是工学门类中的重要学科，属于自然科学范畴。机械工程学科是帮助人类更高更快更强，不断拓展人类社会空间和地域的技术与工程。合理的知识结构与能力是工程师应该具备的业务素质，也是造就机械工程师的先决条件。

1. 应具备的认识

机械工程专业学生应具备以下两方面的认识。

1）社会责任感和使命感的认识

机械工业是国民经济的支柱产业，是关系国计民生和国家安全的重要行业。我们要有为推进国家机械科学技术进步献身的精神和研发国家经济建设所需机电装备而不懈追求的决心。高尚的职业道德是从业人员所必备的。作为一名机械工程技术人员，应该热爱自己的职业，在工作中一丝不苟、诚实、认真、具有不断探索和钻研机械工程技术难题的毅力。

2）机械与社会相互影响的认识

机械的出现改变了而且还将继续改变人类生产和生活的方式，汽车、飞机、航天飞机、宇宙飞船扩大了我们的活动半径和空间；电影机、电视机使人类的日常生活更加丰富多彩，手机、计算机、卫星、互联网使世界变成了地球村，远在地球另一端的朋友也能够面对面交谈；数控机床、加工中心的出现把机械制造技术提升到一个新水平；原子、量子理论把机械工程的研究引进微观世界，促使微、纳米技术和微机电系统的研究成为机械工程领域的热点。

机械工程领域的成果直接影响和推进了社会的发展，同时也给社会带来了一些问题。比如城市中太阳能电池板在生产中的环境污染问题，大量汽车带来的污染和交通不畅问题，儿童痴迷网络游戏的问题等，这就要求机械工程领域的从业人员具有宽广的知识面，对机械工程技术进步带来的环境、资源、就业等方面的社会问题有充分的认识。

2. 应具备的能力

机械工程专业学生主要应具备以下 7 种能力。

1) 对数学、自然科学和机械工程科学知识的应用能力

从事本学科专业学习的学生必须具备自然科学范畴的工科基础知识，包括数学、物理、化学、生态等知识和机械工程科学的基础知识。机械工程科学的基础知识主要包括如下几个方面。

① 力学系列知识：理论力学、材料力学、流体力学、热力学等。

② 设计系列知识：工程图学、工程材料、机械原理、机械设计等。

③ 机械制造知识：机械制造技术基础、先进制造技术等。

④ 机电传动与测控系列知识：电工学、电子学、控制理论、机电测控、计算机及其应用等。

更重要的是，能够综合运用所学知识解决机械工程实际问题的能力。

2) 制订实验方案、进行实验、分析和解释数据的能力

实验是机械工程教育的重要环节，也是培养学生工程实践能力和创新意识的基础平台。学生应该能够根据所学的理论知识，结合相关的实验教学大纲、实验指导书和实验设备制订实验方案进行实验。实验过程中仔细观察实验现象，分析实验中的相关问题并能够提出解决问题的方案、处理问题的措施。实验数据是实验结果的记录，是实验过程中各变量内在规律的体现。学生应该能够通过对数据的分析，判断数据的正确性与可靠性，对奇异数据能够给出科学合理的解释。

3) 设计机械系统、部件的能力

通过系统的学习和训练，学生能应用所学的知识、根据设计要求设计一个完整的机械系统。在设计这个系统的过程中，要处理好能量的传递、转换，信息的采集、变换与传输，结构的优化，零部件制造、装配和维修，产品的生产竞争力等方面的问题。或者能够设计一个完整的机械部件，要求能正确设计部件的每一个零件（包括材料的选择、结构设计、强度校核、刚度验算和相关的工艺设计），合理选择标准件。学生还应该具有机械制造过程的设计能力，如编制机械系统或部件的制造工艺、装配工艺、维修工艺、加工或管理软件等。

4) 对机械工程问题进行系统表达、建立模型、分析求解和论证的能力

现代机械工程涉及机械、力学、材料、电工、电子、计算机、信息、控制、管理等多门学科的理论和技术。学生应具备对机械工程问题进行系统表达的能力。首先应该能够用机械工程的语言——机械工程图准确表达设计理念，其次能够应用力学、机构学、工程材料等相关知识表达机械设计方案中的结构强度、刚度、运动学和动力学等问题，还能够应用电工、电子、计算机、信息和控制等方面知识表达机电传动、测控的相关问题。总之，能够将实际的工程问题抽象为物理模型和数学模型，通过计算机仿真求解和有限元分析，论证机械设计方案的合理性、结构强度的可靠性等。

5) 在机械工程实践中初步掌握并使用各种现代化工程工具的能力

学生应该能初步掌握机械制造过程中主要结构设备，如数控机床、加工中心等；能应用机械设计制造相关的计算机软件、硬件能力，例如熟练应用 CAD、CAM、CAPP、CAE

等常用计算机软件；能正确使用机械零部件加工精度与制造质量的检测仪器设备等。

6）在多学科团队中发挥作用的能力和较强的沟通能力

机电产品往往是多学科、多技术交叉融合的产物，必须由多学科多专业人才齐心协力、共同合作才能完成。机械工程专业的技术人才要想在团队中发挥自己的特长，必须善于与团队人员的沟通与交流，相互取长补短、帮助和促进，才能确保任务的完成。

人际交流能力是一个人的核心竞争力之一。人存在于社会中，要从事社会活动，与相关的人员打交道。清晰地表达自己的意愿，准确理解对方的思想和情感，及时地采取恰如其分的应对措施，是社会活动成功的关键。沟通是一种能力，是通过后天的学习和锻炼培养出来的。若要具备良好的人际沟通能力，必须善于学习、勇于实践。

沟通有两种方式，一种是情感沟通，修炼意识；第二种是艺术沟通，这需要不断提高。对于情感沟通，诚信是前提，理解是桥梁；对于艺术沟通，技巧很关键，针对具体的人物、事情和环境，准确地掌握相关背景，灵活地采用相应的沟通方式，才能够获得良好效果。

沟通能力主要体现在以下三个方面。

① 能有效地以书面形式交流思想感情。

② 能有效地以对方能够接受的方式口头表达自己的意愿和思想感情。

③ 能准确地理解他人的感受和所表述的内容，并且能切题地发表自己的见解或提出建设性的意见。

7）终身教育意识和继续学习的能力

在知识经济时代，随着科技的进步，知识更新的速度不断加快，接受一次高等教育可以受用一生的时代一去不复返了，必须养成终身学习的习惯、具备终身学习的能力。

终身学习的能力有赖于宽厚的理论知识基础和很强的自学能力。在校期间，应刻苦钻研基础理论，牢固掌握基础知识，为今后的发展构筑宽厚的基础平台；通过创新意识和创新能力的培养，不断激励自己的求知欲望和学习兴趣，培养自学能力，以便毕业后利用各种条件，根据自己所从事的工作不断汲取知识、提高能力，不断完善自我、适应社会。

6.2.4　机械工程专业学生能力的培养

课程是人才培养方案的载体。机械工程类学生必须具有丰富的社会科学知识，高度的伦理情感和人文涵养，才能具有更强的适应性和创造性。同时作为工科学生，还要接受公共基础教育，使学生具有较为宽厚的自然科学基础和工科学科基础，这样无论走上社会后的适应能力和继续发展的潜力都非常有益。公共基础课程由学校统一设计，其中的社会教育与体育、外语与计算机及自然科学基础容易实现完全统一，关键是工科学科基础课程既要建立统一的课程平台，又要设计二级学科基础必需的课程内容，并使之有机衔接。专业课程可以分为专业基础课和专业课两种。

由于工程是人们综合运用科学理论和技术手段去改造客观世界的实践活动，是一种创造性的活动，因此，实践环节对机械工程类学生的素质养成具有特别重要的意义。实践环节可以分为三个层次：

1. 初级层次

在实践环节上建立与培养模式相适应的实践教学平台：第一平台配合前两年的公共基础教育，第一平台的宗旨是做到"训练工程化"，即按工程实际安排实习训练的内容，包括所有器件、工具及操作要求。第二平台配合二级学科基础教育，将实验分为三种：即伴随理论课程的验证性实验；独立设课的实验，要求将学科及专业基础实验加以整合，在继续进行相应的工程训练（如误差计算、数据采集及处理等）的同时，加大综合、设计型实验比例，体现"实验综合化"。第三平台配合专业方向教育，进行专业方向综合实验，进一步体现实验综合化。

2. 中级层次

在大类基础理论课程学习的基础上，学生通过课程设计、实验、金工实习、生产实习、跟班劳动时的动手操作，典型零件拆装、分析与测绘，全面了解现代机械工程的生产方式、工艺过程和主要加工方法、设备、车间布置、劳动组织、产品物流、市场状况，获得机械工程基础技能和工艺平台的工程训练。适用于大二、大三年级学生掌握工程系统的基础知识，培养学生的工程基础技能和工程基础素质。

该层次可设置两个平台：

（1）基本制造工程训练平台，它以普通加工（铸、锻、焊、冲、剪、车、钳、铣、刨、磨等基本制造技术）装备为载体，自己动手制造出某种零件或物品，训练学生的工程意识、基本制造技能、合作学习、劳动纪律等工程基本素质。

（2）现代制造工程训练平台，它以数控技术和设备（数控车、数控铣、线切割、电火花、3D打印机等）为载体，通过学生自己动手完成设计和制造，训练学生的工程设计能力、数控设备使用和编制简单程序进行加工制造的能力。

3. 高级层次

以锻炼专业技能、培养大工程观和解决工程综合问题能力、培养创新意识为目的。主要针对高年级（大三、大四）学生结合专业基础课和专业方向课的学习，开展设计性实验、综合性实验，并通过学生自主设计、制造，完成创新产品的开发，锻炼产品制造系统的总体意识和大工程思想，培养学生的创新意识和创新能力。该层次可以分为三个平台：

（1）工程系统训练平台：主要通过毕业设计，可考虑以典型机电产品为案例，通过"研究—设计—制造—试验—运行—环境负荷评价—营销—技术经济分析—管理"整个工程链的综合系统训练，弄清工艺或产品设计的流程，掌握工程设计方法，树立大工程意识，锻炼知识综合运用能力和工程综合能力。该平台涉及机械、材料、环境、管理、工艺美术等多学科知识，具有很宽的学科覆盖面，体现了现代工程的浓厚氛围和大工程观的培养需要。

（2）创新工程训练平台：可以利用机械学院或其他系部各个实验室的设备资源，结合学生的创新设计、课外科技制作竞赛等相关实践教学活动，开展各种创新训练，激发学生的创新意识、创新思维，锻炼学生的创新实践能力。

（3）产学研合作平台：利用本科后期的寒暑假，让部分优秀学生到对口企业中工作一段时间（3~8周），参加实际顶岗带薪实习，做到学校、学生、企业"三赢"。因为企业环境有学校实践环境无可比拟的优势，学生提早接触社会，能充分调动学生主动学习、思考及创新的潜能，有助于克服身上的傲气和娇气，学会与人共事，培养他们解决实际问题的能力，缩短了学生毕业后适应社会的过渡期，同时也拓宽了毕业生的就业渠道。

6.3　国外机械工程教育简介

6.3.1　美国高等工程教育

美国的高等教育始于17世纪，而高等工程教育则始于19世纪初叶，最早从事工程教育的院校可以追溯到1802年建立的西点军校，其目的在于促进"科学为日常生活的需要服务"。经过两个世纪的发展，美国高等工程教育走在了世界前列。

1. 美国高等工程教育人才培养模式

美国高等工程教育的人才培养理念是通才教育，其课程理论体系主要包括核心课程、主修课程和选修课程三大部分。其中，核心课程有以数学、物理、化学、生物等为主的自然科学课程，以人文、艺术、社会科学等为主的社会科学课程，以理工选修课和实验类为主的课程，以及对学生基本交流、写作技能要求的课程；主修课程包括专业主修课和跨学科主修课两种；选修课程则由各工科院校自行设计，各工科院校大多开设了大量的选修课，几乎涉及所有的学科，学生可不受专业限制自由选择选修课，到大二时可根据学生兴趣自行选择所学专业，这是美国通才教育的一大特色。

在教学方法上，美国高校仍然以课堂教学为主。为了保证学生对课堂内容的理解，学生往往被分成15~30人的讨论组，由低职称的教师或研究生负责，一周一次或两次组织学生对课程内容进行讨论或答疑。美国大学注重学生的讨论，为学生提供独立学习和思考的机会。学生可以进行各种尝试，包括失败的尝试，以培养学生独立探索的能力。此外，学校还实行开放式的教学，引导学生积极主动地参与各项科研活动，锻炼学生社会实践、科学研究等综合能力。比如在麻省理工学院，有一项UROP计划（Undergraduate Research Opportunities Program）。本科各年级的优秀学生都可以报名直接参与这一课题研究。他们每周需要抽出6~20小时投入研究工作，暑假期间每周工作达40小时左右。参与科研工作的大学本科生与硕士研究生、博士研究生、博士后研究人员以及教授等各种层次、不同研究领域的研究人员共同开展科研工作，不仅能培养、锻炼和提高大学生的研究能力，也拓展了他们的学科视野。通过该计划学生还可以得到丰厚的回报，既可以将所取得的研究成果向基金会申请研究经费，公开发表论文、申请专利等，还可以得到一定的学分和报酬。

在美国，高等工程院校在工程师培养过程中与企业有广泛而密切的合作，这不仅有利于学生实践能力的提升，同时也有利于加快高校科研技术转化的速度，可谓互惠互利。如斯坦福大学通过开设继续教育课程、聘用企业专家作为教师、校企共同研发项目等多种形式，尽可能地为学生创造更多、更好地了解企业、参与实践的机会。作为在高等工程教育办学模式上的一种尝试，美国在1997年建立了一所私立本科工程大学——富兰克林·欧林学院。该学院将工程师定义为具有全面考虑人类与社会需求的、在工程系统中有创造性设计的、拥有创业以及慈善等多种价值的创新型人才。欧林工学院创新的课程设置是其引领

21 世纪工程教育革新的重要因素。课程的设置是基于"欧林三角"，它是由卓越的工程学知识、企业管理精神以及艺术、人文社会学科三部分有机组成的。这种课程理念在"SCOPE（Senior Consulting Program for Engineering）"项目的开展中被诠释得淋漓尽致。毕业季的学生会在一个由来自多学科学生组成的小组里工作，这 5~7 个学生与赞助商进行整整一年的工程项目合作。在这项合作中，合作伙伴们会提出对赞助商有很大意义的工程学难题，欧林学院会派出学生团队、指导顾问，并提供专业的工作环境。合作伙伴会提供必要的经济援助以及各种硬件，学校则允许学生团队使用技术中心的实验室设备，并能够面对面咨询技术专家。团队每周会向赞助商汇报合作项目的最新进展，期中期末也会有总结。通过这项合作，学生们能够接触到最前沿的工程难题，并尝试提出全新的解决方案，这对学生来说是难得的锻炼动手能力、建模能力、团队协作能力的机会。

2. 美国高等工程教育的专业认证制度

美国高等工程教育的专业认证组织和工程师注册组织彼此独立。工程和技术认证委员会（Accreditation Board for Engineering and Technology，ABET）主管工程教育的专业认证。各州的专业工程师注册局主管专业工程师注册。各注册局又以会员制形式组成全国工程与测量考试委员会（The National Council of Examiners for Engineering and Surveying，NCEES），为各注册局承担一些有必要统一和协调的工作，如工程师资格考试工作。20 世纪 90 年代初，工程和技术认证委员会、全国工程与测量考试委员会会同全国专业工程师学会（National Society of Professional Engineers，NSPE）组建美国国际工程业务委员会（USCIEP），全面代表美国的工程组织参与国际工程界的活动等。

ABET 是一个独立于政府之外的民间组织，自成立以来一直从事工程教育的专业认证，致力于确保和提高工程教育质量、促进工程教育改革、推动工程专业的国际互认及为学校、专门职业团体、公众、学生和雇主服务等工作。ABET 的专业认证得到美国教育部、各州专业工程师注册机构以及全美高等教育认证机构的民间领导组织——高等教育认证委员会（Council for Higher Education Accreditation，CHEA）的承认。可以说 ABET 是得到美国官方和非官方机构共同承认，得到美国高教界和工程界广泛认可和支持的全美唯一的工程教育专业认证机构，它的专业认证具有很高的权威性。ABET 又是《华盛顿协议》的 6 个发起工程组织之一，这意味着它的专业认证已获得广泛的国际承认。

ABET 主要包括 4 个认证委员会：应用科学认证委员会（Applied Science Accreditation Commission，ASAC）、计算机科学认证委员会（Computer Accreditation Commission，CAC）、工程认证委员会（Engineering Accreditation Commission，EAC）和技术认证委员会（Technology Accreditation Commission，TAC）。其中，工程认证委员会负责各工程专业的认证。截至 2011 年，经工程认证委员会认证通过的共有 442 所高校中的 2141 个工程技术专业点。

EAC 工程专业认证的准则是"工程准则 2000"。该准则于 1995 年 12 月公布。通过 ABET 和工程界的反复讨论、修改和试点，于 2001 年秋全面推行，此后，每年都有所修改。EAC 认证的仅是工程专业，而不是专业院系或学位。其认证的全过程如下：

（1）由院校向 EAC/ABET 提出某个或某些专业点的认证申请。

（2）申请被接受后，由院校进行专业自评，完成自评问卷调查表，包括学生、课程、师资、管理、设备和院校支持等方面是否符合标准。

（3）EAC 认证小组进校访问。访问的目的，一是对在自评报告中难以表述的、比较抽象的问题进行评价，诸如智力氛围、师生的精神状态和能力表现等；二是帮助学校自评，使学校能准确把握自身的强项和弱点；三是详细审查学校的认证材料，包括代表性的学生作业等。

（4）报告必须包括客观事实、符合准则的方面、弱项、缺点、认证小组对今后可能出现的问题的关注、认证小组对改进专业的评论和建议等；

（5）EAC 根据认证报告和学校反馈的意见，对专业点做出认证结论。认证有效期限通常为 2~6 年。学校以 ABET 通用标准和行业标准为基础，根据学校自身特点进行调整，以更好地体现学校特色。

由于 ABET 与工业界共同参与专业认证标准和程序的制定，并直接参与认证评估过程，因而能及时把工业界对工程师的要求和期望反馈到工程师培养过程中，为高校高等工程教育专业的改革与发展指明方向，同时也能促进工业界对高等工程教育的了解和支持，提高高等工程教育的产业适应性。

3. 注册工程师制度

注册工程师制度规定，美国的专业工程师注册由各州负责。各州议会就本州的专业工程师注册和工程业务等问题立法，并成立州的专业工程师注册局负责执行有关法规。注册局成员（board member）由州长任命。成员中的多数是专业工程师，少数是公众代表。前者必须是美国公民、本州长期居民、本州注册专业工程师、具有较长的工程业务经历；而后者必须在过去和现在都不是工程师。各州的组织情况因地制宜，所以并不完全相同。

美国有关专业工程师注册的条件主要包括教育要求、经验要求和考试要求三个方面，而报考职业注册师的条件仅有教育要求和经验要求。各州的具体要求略有差别，但总体水准大体相当。

1）教育要求

审查申请人是否具有经 ABET-EAC 认证的 4 年制工程学士学位；或其他经注册局认证的 4 年制或学制为 4 年以上的相关专业学位。其中还包括审查由校方直接递交注册局的申请人成绩单。

2）经验要求

审查申请人在取得 ABET-EAC 认证的学位后，是否具有 4 年的专业工作经验。对于未取得 ABET-EAC 认证学位的申请人，在取得经注册局认证的 4 年制或学制为 4 年以上的相关专业学位后，所要求的专业工作年限，要根据他们所受教育质量的好坏来决定。学历质量保证越差，则对之要求的专业工作年限越长，如有 6 年、8 年、12 年以至 20 年等不同的要求。

3）考试要求

审查申请人是否通过工程基础（Fundamentals of Engineering，FE）考试、工程原理和实践（Principles and Practice in Engineering，PE）考试。对已通过认证院校的毕业生参加执业注册考试，可免除部分基础科目或全部基础科目的考试。而对未通过认证院校的毕业生参加执业注册考试，则要求其具备更长年限的工程实践经验。对于获得 ABET-EAC 认证的工程学士学位的申请人，允许他们在大学 4 年级时或毕业后参加 FE 考试；并在取得 4 年专业工作经验后再参加 PE 考试。对于未获得 ABET-EAC 认证的工程学士学位的申请人，则视其教育质量和专业工作质量的情况，提出更为严格的专业工作年限限制。

资格考试是一种合格水平的考核。其目的是评估申请人是否具备专业工程师的基本能力，能否在专业工作中确保公众的健康、安全和利益。FE 考试着重考核申请人所受的高等教育水平，评估其是否达到见习工程师的合格水平，它的具体要求和工程与技术认证委员会下属的工程认证委员会（ABET-EAC）规定的专业认证标准相呼应；PE 考试着重考核申请人的专业工作经验，检验其是否达到专业工程师的合格执业水平。

美国工程与测量考核委员会是一个全国性的非营利机构，其工作目标是通过规范的法律、严格的注册标准和高尚的职业道德，将工程人员和测量人员的执业资格注册纳入科学健康的轨道，保护社会公众的身心健康、人身安全和财产安全，进而引领职业资格认证工作的发展方向。其具体任务是协助会员（各个注册执业管理局）开展工程师和土地测量师的注册工作，保证注册人员在知识、能力、职业发展和道德情操上达到较高的标准；为会员开展统一的注册工作提供服务，评估注册工程师；积极开展国际和国内合作，促进工程师和土地测量师的洲际互认和国际互认。

美国的注册工程师继续教育已形成了一套比较完善的机制，即注册工程师继续教育供应项目（Registered Continuing Education Providers Program，RCEPP）。RCEPP 是美国工程与测量考试委员会和美国工程公司委员会（ACEC）合办的项目，是美国为专业工程师提供的首个网上在线形式的继续教育管理系统。RCEPP 包括以下几方面：

（1）经 NCEES 注册的符合 NCEES 继续教育标准的继续教育供应商；

（2）继续教育供应商提供的继续教育课程和活动日历；

（3）专业人员接受教育时间的在线记录；

（4）可供美国全国工程师注册委员会采用的统一可靠的记录。

4. 专业认证与注册工程师制度的关系

工程教育专业认证制度是注册工程师制度的基础，注册工程师制度是与高等工程教育的评价密切联系在一起的。

注册工程师的首要标准是获得经 ABET 认证的工程专业的学士学位，这种制度安排密切了人才培养和人才使用之间的关系。从最初的大学教育到具体的工作实践，连贯一致的制度体系不仅使得美国高等工程教育能够保持必要的灵活性，能够及时反映工程实际的需要，培养适应社会需要的人才，也为注册工程师制度提供了坚实的教育背景，使其在具体实施时更具针对性，它将教育界、工程界与实业界密切联系起来，调动社会各界关心工程师的成长，关注工程行业的发展。

在美国，专业认证、职业实践与考试考核形成一个完整的工作链条，以确保执业注册人员的水平。在认证与考试的衔接关系上，充分认可专业认证的结论，申请执业注册的人员必须拥有通过专业认证院校的教育背景。

在关于工程教育与工程师资格互认的国际性协议中，《华盛顿协议》被认为是最具权威性、国际化程度较高、体系最为完善的国际间专业学历互认协议。《华盛顿协议》的核心内容是经过各成员组织认证的工程专业培养方案，具有实质等效性（Substantial Equivalence）。等效性是指在认证工程专业培养方案时所采用的标准、政策以及其过程结果都得到所有成员的认可。可喜的是中国于 2013 年已经加入《华盛顿协议》，成为临时成员国，两年之后按程序转为正式成员国。中国工程教育发展迅速，工业发展对人才质量和数量的需求也在提高，已经逐步建立了较为完善的认证制度，人才培养标准逐渐满足社会的需求。

6.3.2　德国高等工程教育

德国高等工程教育起始于 1870 年前后建立的德国工科大学。在 20 世纪 60 年代末 70 年代初又建立了高等专科大学。从此，德国形成了由工业大学和高等专科大学并存，并各有侧重的高等工程教育体制，在全世界有着广泛影响。

1. 德国高等工程教育的特点

1）培养目标明确

德国高等工科院校的培养目标是高质素的工程师。为了培养高素质的工程师，德国高等工程教育界形成了学习年限长、教学任务重、考试要求严、实践环节多、淘汰率高的特点。

工科专业本科的培养年限一般为五年，但实际上只有很少学生能按时完成，多数学生要 5~7 年，甚至 8~9 年才能完成学习任务。本科生教育由基础学习阶段和主科学习阶段构成，其中基础学习阶段一般为 2 年，主要学习内容为各系的共同基础性课程，目的在于培养学生的科学知识和工作基础，同时要求学生必须通过严格的考试。在完成基础学习阶段后就进入主科学习阶段。在该阶段中，学生要确定自己的专业方向；完成该专业相关的学习任务（主要包含必修课、选修课和任选课程）；完成本专业的实验、课程设计、专题报告和毕业论文。主科学习阶段的时间不固定，因人而异，一般为 3~4 年。因此，学生往往要经过 5~7 年的艰苦学习才能够拿到德国工程师文凭。

为保证毕业生的质量，德国各大学和专业都要对学生进行选择和淘汰，一般淘汰率为 30%~50%。

2）注重实践

德国高等工程教育培养目标的明确性决定了在具体的培养过程中特别重视理论与实践两个方面的教育。因此，德国高等工程教育形成了崇尚理论研究、强调技术科学、密切联系实际的优良传统，保证了德国工程师在世界上享有较高的声誉。

① 大学在学术上有求真务实的传统。在德国高等工程教育界，学校衡量教授学术水平高低的标准不是论文的多少而是实验。实验是科技发展的源泉，能用以证明教授研究成果的主要是实际开发的实验装置、模型或样机、新研制的产品等。因而，德国高等工科院校特别重视试验研究的结果，对工程领域博士学位答辩的要求是一定要做出实实在在的东西，确实解决了问题，而对发表论文并没有硬性要求。

② 面向实际设计课程。在校学习期间，德国高等工科院校会逐步安排学生接触工作中需要解决的实际问题，并把科学解决实际问题的知识与方法作为重要的教学内容，不断提高学生解决实际应用问题的能力。同时，学校还会及时把实际生产实践中最新的工艺、技术和知识补充到日常教学内容中，不断更新自己的教材。

③ 教师具备丰富的实践经验。德国高等工程教育重视教师的实践背景。工程专业的大学教授都被要求至少具有 5 年以上的工程实践经历。德国高等工程教育中，教师成为输送

学生到企业实践训练和就业的联系人。德国高等工科院校的教师与工业界保持非常密切的联系，主要表现在两个方面：一方面，他们的实验室帮助企业解决实际生产中遇到的问题；另一方面，他们本人往往都在企业兼职甚至开办企业。

④ 与企业建立良好的合作教育机制。除了在学校内学习理论知识和部分的实习外，德国工科大学的学生一般还有 3~6 个月时间用于在校外企业进行生产实践活动。学生常常可以利用假期参与工厂企业的科研开发与研究项目，并且很多学生的毕业设计课题也都源于企业的实践问题。此外，德国企业界普遍把培养后备力量作为企业的一种社会责任与义务，非常愿意接纳学生参与企业的实践活动。

3）工程教育的法制化

每当高等工程教育改革条件相对成熟时，德国政府就会以法律形式为改革清除障碍，减少改革中遇到的阻力，保证改革能顺利进行。比如，1998 年德国政府出台了德国大学基本法的修正案，该法案保证了引进学士、硕士学位制，改革课程内容及结构，对高校放权、改革教授聘任制等一系列的方案实施，为德国大学的进一步发展提供政策支持和保证。

2. 当前德国高等工程教育改革的原因

德国高等工程教育从诞生之日起，凭借其优良的传统和特色与美国高等工程教育一起成为世界上高等工程教育中的两大模式。但 20 世纪 60 年代后，特别是当前国际政治领域发生深刻变化、科学技术突飞猛进、国际交往和文化融合不断深化的背景下，德国高等工程教育也出现了种种的不适应。比如，高等工程教育的学生在校学习时间过长，就业时间相对较晚，学位种类偏少、国际流通度较差等情况。导致出现这些现象的原因主要有两个方面。

1）经济全球化的影响

当前，经济全球化已成为世界经济增长和世界政治变化的主要原因。在经济全球化的背景下，伴随着科学技术的突飞猛进，企业已越来越感受到来自市场竞争和技术革新的双重压力。激烈的市场竞争会对企业不断提出新的要求和挑战，迫使企业根据广大消费者的要求，在技术上不断创新、改进生产工艺，在管理上不断优化组织结构，开发出适合消费者要求的新产品。工程师的工作内容就包含在产品研发、过程研发与设计制造、营销等整个产业链之中。因此，经济全球化必然带来对工程师素质、能力的重新定位和要求。

在经济全球化的进程中，作为以培养工程师为主要目标的高等工科院校也必然会被要求重新审视自己的定位。为了适应经济全球化的变化，工程教育在教学目的、目标、内容、方法和手段上都必须做相应的改革。

2）欧盟一体化影响

欧盟作为当今世界最大的区域性一体化组织，在追求政治上用一个声音说话的过程中不断加强和推进经济、军事、文化、教育、科技等领域的一体化。德国作为欧盟的重要成员国，在高等工程教育领域内也受到来自欧盟内部要求其变革的影响，其中最为直接的就是 1999 年 33 个欧洲国家教育部长在意大利通过的"博洛尼亚宣言"。

"博洛尼亚宣言"意在保证教育质量的前提下，实现欧洲各国的学位制度的统一，建立共同的欧洲教育区。这就对德国高等工程教育原有的体系带来重要影响。为了推进博洛尼亚进程，实现欧洲各国的学位制度的统一，就必须对现有的学位和学制进行改革。

3. 德国高等工程教育改革的措施

随着知识经济的发展、全球化趋势的加强、国际竞争压力的加剧，为了进一步发挥优势，保持特色，德国政府在20世纪末进行了一系列的改革，采取了一些措施。

1）高等工程教育的国际化

经济全球化进程决定了教育的国际化。国际化的表现形式是教师和学生的国际流动，信息与教育资源一定程度的国际共享，学位的互认与共容。特别是在1999年通过"博洛尼亚宣言"后德国政府和教育界加快了高等工程教育的国际化，主要体现在：不断扩大外国留学生的招生人数；学位体制与国际接轨。与英、美等国通用的学士、硕士和博士三级学位制不同，德国高等工程教育授予的是文凭工程师学位。根据高校类型的不同，文凭工程师学位可分为大学文凭工程师和专业学院文凭工程师两类。从1999~2000年冬季学期开始，德国若干工科大学都在原有的文凭工程师和工学博士的基础上增加了工学学士和工学硕士学位。课程采用模块的方式，采用英语来讲授其中很多课程。获得学士学位的学生毕业时可以根据自己的实际情况来选择不同的道路，其中对实践有兴趣的学生可以在毕业后直接就业，而有兴趣从事理论研究的学生则可以继续硕士阶段的课程学习，获得更高的学位。同时，学生还可以选择攻读双学士学位。至于国外留学生，德国大学对已获得教育、电子电气、机械、环保等专业学士学位的留学生开设硕士学位课程，实行国际硕士培养计划。同时，对于已经得本国硕士学位的留学生，德国大学会对其进一步开设博士课程。

2）高等工程教育的综合化

现代社会对工程技术专业人员的知识结构要求决定了培养工程师的工程教育必须是综合化的。当代社会要求工程技术人员必须具备系统思考问题的能力，能够从经济学、生态学和社会学等多种角度寻求最完善的技术解决方案。同时还要求工程专业人士既具有专业知识又具有其他跨学科知识。因此，在德国高等工程大学，传统的工程技术专业和复合型的工程技术专业都特别强调学科与学科之间、系与系之间、专业与专业之间的横向联系，尤其注重学科之间的交叉发展。主要表现在两个方面。

① 教学内容增加了企业经济学、法律学、项目管理、人事管理等非技术类课程，专业知识和跨学科知识的比例关系一般为80：20。

② 出现了学科交叉的专业，如亚琛工业大学机械工程系的机械工程学科涵盖了制造业的主要领域，包括机械制造和流程制造的内容。

6.3.3 日本高等工程教育

1. 日本工程教育的历史沿革

在明治维新之前，日本的教育主要被武士阶级和商人阶级所垄断。在封建统治者开办的私塾中接收基础教育的主要是武士阶层。当时工业经济尚不发达，没有以技工阶层为对象的完整的教育系统。但是由于统治者对传统技术行业和技工的保护，以技术传授和重视操作为特征的学徒制在日本社会普遍存在。

1968年明治维新后，随着工业化的起步，现代高等教育制度开始建立，日本的工程技术教育也始于此。长期以来，日本学者对日本工程技术教育发展史中这一时期的工程技术教育是持肯定态度的。当时，大学中的工程教育并不是完全偏重于纯粹的理论教学或实践教学，而是采取将两者有机结合的教学模式。这种职业化的工程教育模式首次将工程技术融合在理论和实践之中。而且，当时体系化的工程教育沿袭了旧时代学徒制中重视实践和实际操作能力的特征。这种具有职业教育性质的工程技术教育，为更多的青年人提供了受教育机会，也有效满足了日本社会工业化起步阶段对工程技术人才的基本需求。

第二次世界大战以后，特别是20世纪50年代，日本经济进入高速发展时期，企业纷纷从国外引入大量先进的生产设备和工业技术。工业的不断发展与工程师、技工的日益短缺成为当时的主要矛盾。为此，日本开始进行高等教育的结构调整，试图构建全新的高等教育体制，以大力培养工程技术人员。但实际效果并不理想，问题在于：第一，迅速扩大规模的工程技术教育领域，很多教师缺乏工程背景，不能及时了解工业企业的实际需求；第二，课程内容脱离实际。为了保证企业的生存与发展，日本的企业在开始施行终身雇佣制度以防工程技术人员流失的同时，开始投入大量资金开展企业内教育，以适应日新月异的技术革新。特别是，随着日本工业化进程的不断推进，日本企业开始从技术引进转向技术研发，能否不断开发和研制出全新的技术和产品成为企业生死攸关的问题。在这一阶段，日本工业界十分重视通过人才培养来提高自身研发能力。企业内部教育体系的发展和完善正是始于这一时期。可以说，由于工程教育规模的迅速扩大衍生出的质量问题，导致日本企业对学校教育的不信任，从而催生了日本企业内教育的发达。

长久以来，日本的工业产品以高质量而为世人所知。"这种杰出的物质制造能力自然来自于高质量的技术和高质量的技术人员。但遗憾的是，直到现在企业和研究界普遍认为日本高质量的技术人员主要不是接受高等教育的结果而是企业内教育和培训的结果"。这种现象源于日本发达的企业内教育。将人才的选拔寄希望于大学，通过自身的教育体系完成符合企业需要的人才培养，可以说是日本企业的普遍认识和显著特征。但是，在20世纪80、90年代，随着日本泡沫经济的破灭，企业的发展受到严重影响。由于资金短缺，企业不得不消减对教育的投入，企业以往的人才培养功能不断弱化。而在全球经济一体化的格局中，要能够融入国际社会，并在国际竞争中立于不败，人才成为最关键的因素。企业界本着强烈的危机意识要求高等教育系统承担起人才选拔和人才培养双重功能和使命，从而能够为企业输送合格的工程技术人才。由此，重新审视和评价高等工程教育的质量提到了高等教育改革的议事日程。日本的工程教育认证制度就是在这一背景下开始构建的。

2. 日本工程技术专业教育认证评价制度的建立

一般来说，根据对象，认证评价制度可以分为两类——机关认证评价和专业认证评价。JABEE（Japan Accreditation Board for Engineering Education 日本技术者教育认定机构）所进行的技术者教育课程认证评价是日本唯一的专业认证评价制度。目前，JABEE 所进行的认证主要侧重于教育方面，尚不包括专业研究方面的认证评价。

日本的技术者教育认证制度是一种由外部机构对大学等高等教育机构所实施的专业认证制度，主要对技术者教育课程是否真正满足和达到社会、特别是工业企业要求的水准进行公平公正的评价，并对达到需要的教育课程进行认证。这一制度由 JABEE 负责实施和操作。JABEE 是在工程技术领域学会协会的协助下展开工程教育专业审查和认证的非政府组织。认证、审查依据《认证基准》、《认证基准的解说》、《认证·审查的顺序与方法》、

《审查向导》、《自我检查》等文件实施。

日本研究生层次的工程技术教育认证始于 2007 年。2007 年，千叶大学大学院和早稻田大学大学院的建筑设计和建筑艺术专业接受了专业认证。2008 年接受认证的是静大学研究生院的工学研究科和谷大学大学院的理工学研究科。

JABEE 对技术者和技术教育以及相关词汇作了如下解释："技术者教育"是指为了培养合格的初级技术者所进行的本科阶段的基础教育。而"技术者"是指从事技术职业的人中间，其所使用的技术以所受到的本科以上的学科知识教育为核心的那部分人。即以"技术"和"技能"为核心的技工不能算在"技术者"之内。在日本以培养"技术者"为目标的专业，不仅局限在工学院系，在理学、农学等院系中也有以培养"技术者"为目标的专业。所以在日本"技术者教育"应该是"工学教育"。日本技术者教育认证机构就是对工学教育课程的评价认证。而这里所说的"教育课程"不仅指某学科、专业的课程设置，还包括某一具体专业毕业生资格的评价、判定，以及从入学到毕业全部的教育过程和教育环境等，是对学科、专业、学习过程的总体概括。JABEE 的评价认证是以专业为单位的。

JABEE 成立于 1999 年，2001 年正式开始工学教育的专业评价认证工作。同年成为华盛顿协约的临时成员，2005 年正式加盟华盛顿协约。

3. 日本技术者教育认证的目的与特征

JABEE 成立的目的体现了其质量观在于追求工程教育的通用性、国际性和实用性。具体表现在：提高和保障日本工程技术教育的质量，建立国内通用的工程技术教育标准；在国际工程教育质量不断提高的大环境中，建立日本工程技术教育与世界进行交流的通畅渠道，提高日本工程技术教育的世界通用性；通过工程技术教育质量和社会声望的提高，为工程技术相关专业毕业生的就业提供支持，提高就业率。基于此，JABEE 实行专业认证的目的在于，通过认证工作保证高等教育机构教学活动的质量，使教学的成果真正能够帮助未来的工程技术者获得必要的最低限度的知识和技能。认证活动的重点不在于帮助大学按照统一的要求来调整课程设置，以及对大学等教育机构的水平和名次进行排序。相反，是为了积极支持各个高等教育机构在执行文部省所规定的大学设置基准的前提下，充分发挥个性；鼓励高等教育机构具有独自的教育理念和教育目标；鼓励高等教育机构不断开发创造出新的教育课程和教育方法；支持高等教育机构培养出能够活跃于日本和世界的具有多重能力的工程技术者。JABEE 的基本特征如图 6-1 所示。

认证的目的在于以下几方面。

（1）促使大学把符合社会的需求作为课程设置的目的与使命。

（2）促使大学根据以上目的与使命，明确具体的教育目标，并保证完成教育目标和认证机构所规定的教育成果。

（3）促使大学拥有能够持续进行课程改革的组织机构。包括：听取学生和学生就业企业等（顾客群体）意见的具体方法；观察教育活动，测定教育成果的分析方法；判断课程设置是否实现教育目标的方法；行之有效的自我检查、改善工作的组织和活动体系。

（4）促使大学从学生入学资格、教师、设备、大学对教学科研提供的服务、财务等方面保证教育目标的实现。

总之，促使高等教育机构在具有明确的、个性化的教育目标和发展战略的前提下，为

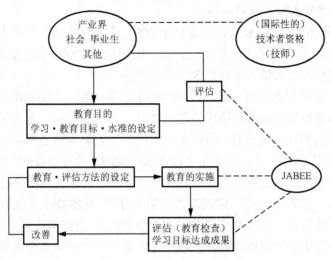

图 6-1　JABEE 的基本特征

保证教育活动的可持续性和不断改善，从组织和财政方面提供充分的人力资源和设备保障。

关于日本技术者教育认证机构的特点，以下 3 点值得关注：

（1）从 JABEE 的组织成员构成看，没有大学是其一大特色。可以说它对于大学的独立性比较强。组织成员有正式会员和赞助会员。正式会员为日本各个相关学术领域的全国性的学会，赞助会员全为大企业。这种组织构成意在代表来自学界、企业界和社会的声音和意见。

（2）积极把机构的认证结果与国家"技术士"（技师）考试结合。技师国家资格考试分两个阶段：专业理论考试、实际操作技能考试。2004 年 3 月，由日本政府发布通告，确定 2001 年和 2002 年由 JABEE 所认证的专业都是文部大臣指定的课程，修完此类课程的人可以免除国家资格考试的第一次考试。政府的认可与肯定，大大提高了这一认证机构的社会声望和知名度。

（3）积极加入华盛顿协约组织，追求学士阶段的工学教育质量具有国际同质性。成为正式成员后，其所认定的技术者教育课程在其他成员国也同样有效，大大提高了日本工学教育的世界通用性，为日本借鉴他国工学教育经验、提高本国工教育的质量提供了很好的机会。

6.3.4　CDIO 工程教育模式

1. CDIO 简介

CDIO 代表构思（Conceive）、设计（Design）、实现（Implement）和运作（Operate），它以产品研发到产品运行的生命周期为载体，让学生以主动的、实践的、课程之间有机联系的方式学习工程。

CDIO 工程教育模式是近年来国际工程教育改革的最新成果。从 2000 年起，麻省理工学院和瑞典皇家工学院等四所大学组成的跨国研究获得 Knut and Alice Wallenberg 基金会近 2000 万美元巨额资助，经过四年的探索研究，创立了 CDIO 工程教育理念，并成立了以 CDIO 命名的国际合作组织。

CDIO 培养大纲将工程毕业生的能力分为工程基础知识、个人能力、人际团队能力和工程系统能力四个层面，大纲要求以综合的培养方式使学生在这四个层面达到预定目标。

瑞典国家高教署（Swedish National Agency for Higher Education）2005 年采用这 12 条标准对本国 100 个工程学位计划进行评估，结果表明，新标准比原标准适应面更宽，更利于提高质量，尤为重要的是新标准为工程教育的系统化发展提供了基础。迄今为止，已有几十所世界著名大学加入了 CDIO 组织，其机械系和航空航天系全面采用 CDIO 工程教育理念和教学大纲，取得了良好效果，按 CDIO 模式培养出的学生深受社会与企业欢迎。

2. CDIO 标准

CDIO 的理念不仅继承和发展了欧美 20 多年来工程教育改革的理念，更重要的是系统地提出了具有可操作性的能力培养、全面实施以及检验测评的 12 条标准。

标准 1：以 CDIO 为基本环境

学校使命和专业目标在什么程度上反映了 CDIO 的理念，即把产品、过程或系统的构思、设计、实施和运行作为工程教育的环境？

技术知识和能力的教学实践在多大程度上以产品、过程或系统的生产周期作为工程教育的框架或环境？

标准 2：学习目标

从具体学习成果看，基本个人能力、人际能力和对产品、过程和系统的构建能力在多大程度上满足专业目标并经过专业利益相关者的检验？

专业利益相关者是怎样参与学生必须达到的各种能力和水平标准的制定的？

标准 3：一体化教学计划

个人能力、人际能力和对产品、过程和系统的构建能力是如何反映在培养计划中的？

培养计划的设计在什么程度上做到了各学科之间相互支撑，并明确地将基本个人能力、人际能力和对产品、过程和系统构建能力的培养融其中？

标准 4：工程导论

工程导论在多大的程度上激发了学生在相应核心工程领域的应用方面的兴趣和动力？

标准 5：设计–实现经验

培养计划是否包含至少两个设计–实现经历（其中一个为基本水平，一个为高级水平）？

在课内外活动中学生有多少机会参与产品、过程和系统的构思、设计、实施和运行？

标准 6：工程实践场所

实践场所和其他学习环境怎样支持学生动手和直接经验的学习？

学生有多大机会在现代工程软件和实验室内发展其从事产品、过程和系统建构的知识、能力和态度？实践场所是否以学生为中心、方便、易进入并易于交流？

标准 7：综合性学习经验

综合性的学习经验能否帮助学生取得学科知识以及基本个人能力、人际能力和产品、过程和系统构建能力？

综合性学习经验如何将学科学习和工程职业训练融合在一起？

标准 8：主动学习

主动学习和经验学习方法怎样在 CDIO 环境下促进专业目标的达成？

教和学的方法中在多大程度上基于学生自己的思考和解决问题的活动？

标准 9：教师能力的提升

用于提升教师基本个人能力和人际能力以及产品、过程和系统构建能力的举措能得到怎样的支持和鼓励？

标准 10：教师教学能力的提高

有哪些措施用来提高教师在一体化学习经验、运用主动和经验学习方法以及学生考核等方面的能力？

标准 11：学生考核

学生的基本个人能力和人际能力，产品、过程和系统构建能力以及学科知识如何融入专业考核之中？

这些考核是如何度量和记录的？

学生在何种程度上达到专业目标？

标准 12：专业评估

有无针对 CDIO12 条标准的系统化评估过程？

评估结果在多大程度上反馈给学生、教师以及其他利益相关者，以促进持续改进？

专业教育有哪些效果和影响？

本 章 小 结

本章在介绍机械工程教育体系的基础上，重点介绍了工科学生的工程能力结构以及学生能力的培养，分析了机械工程师的知识结构与能力要求，并简要介绍了中国、美国、德国、日本的高等工程教育体系以及 CDIO 工程教育模式。

习　题

6-1　试述工科学生的工程能力结构？

6-2　根据机械工程师的知识结构要求，在学校列出的选修课单中，选出相应的课程。

6-3　如何利用身边的资源，实现理论与实践的结合（包括内容和时间安排)？

6-4　什么是 CDIO 工程教育模式？

参 考 文 献

[1] 苏春. 数字化设计与制造. 2 版. 北京：机械工业出版社，2012.

[2] 路甬祥. 制造技术的进展与未来. ICME2000 论文集. 北京：机械工业出版社，2000.

[3] 黄靖远，等. 机械设计学. 2 版. 北京：机械工业出版社，2000.

[4] Kevin N. Otto, Kristin L. Wood. 产品设计. 齐春萍等译. 北京：电子工业出版社，2011.

[5] 宾鸿赞. 机械工程学科导论. 武汉：华中科技大学出版社，2011.

[6] 陈忠. 机械工程概论. 武汉：华中科技大学出版社，2011.

[7] 刘永贤，蔡光起. 机械工程概论. 北京：机械工业出版社，2009.

[8] 李长河，丁玉成. 先进制造工艺技术. 北京：科学出版社，2011.

[9] 郭黎滨，张忠林，王玉甲. 先进制造技术. 哈尔滨：哈尔滨工程大学出版社，2010.

[10] 胡志新，胡津民. 机械制造技术. 北京：清华大学出版社，2009.

[11] 张平亮. 先进制造技术. 北京：高等教育出版社，2009.

[12] 何涛，杨竞，范云. 先进制造技术. 北京：北京大学出版社，2009.

[13] 盛晓敏，邓朝晖. 先进制造技术. 北京：机械工业出版社，2009.

[14] 陈立德. 先进制造技术. 北京：国防工业出版社，2009.

[15] 卢秉恒，李涤尘. 增材制造和 3D 打印. 机械工程导报，2012，11（12）

[16] 关桥，广义增材制造. 机械工程导报，2012，11（12）

[17] GrahamTromans，田小永译. 增材制造技术的全球应用. 机械工程导报，2012，11（12）

[18] 金天拾，黄仲明，张曙. 三维打印：新工业革命序曲. 机械工程导报，2012，11（12）

[19] 张婷，张磊，林峰，孙伟. 生物增材制造. 机械工程导报，2012，11（12）

[20] ［美］利普森，［美］库曼. 3D 打印：从想象到现实. 赛迪研究院专家组译. 北京：中信出版社，2013.

[21] Mahalik N P. Micromanufacturing. Springer-Verlag Berlin Heideberg，2006.

[22] 王国彪. 纳米制造前沿综述. 北京：科学出版社，2009.

[23] Widereht G P. Handbook of nanofabrication. Elsevier B V，2010.

[24] 张立德，牟李美. 纳米材料学. 沈阳：辽宁科学技术出版社，1994.

[25] 崔铮. 微纳米加工技术以及应用综述. 物理，2006. 35（1）.

[26] 白春礼. 纳米科技及其发展前景. 微纳电子技术，2002，39（1）.

[27] 何丹农. 纳米制造. 上海：华东理工大学出版社，2011.

[28] 朱静. 纳米材料和器件. 北京：清华大学出版社，2003.

[29] 王中林. 从纳米技术到纳米制造. 纳米科技，2006，1.

[30] 曾芬芳. 智能制造概论. 北京：清华大学出版社，2001.

[31] 韩权利，赵万华，丁玉成. 未来制造业模式-智能制造. 机械工程师，2002，1.

[32] 熊有伦. 智能制造. 科技导报，2013，31（10）.

[33] 朱剑英. 智能制造的意义、技术与实现. 机械制造与自动化，2013，42（3）.

[34] 杨拴昌. 解读智能制造装备“十二五”发展路线图. 中国电器工业协会四届三次理事会专题报道，2012，5.

[35] 宾鸿赞. 先进制造技术. 武汉：华中科技大学出版社，2010.

[36] 国家自然科学基金委员会工程与材料科学部. 机械工程学科发展战略报告（2011—2020）. 北

京：科学出版社，2010.

[37] 颜永年，李生杰，熊卓，等. 基于快速原型的组织工程支架成形技术. 机械工程学报，2010，46（5）.

[38] 贺健康，刘亚雄，连芩，等. 面向重要实质器官的生物制造技术. 中国生物工程杂志，2012，32（9）.

[39] 颜永年，熊卓，张人佶，等. 生物制造工程的原理与方法. 清华大学学报（自然科学版），2005，45（2）.

[40] 王杰，韩云芳，胡如光. 新中国初期建立高等工程教育体系的探索. 高等工程教育研究. 2003，（2）.

[41] 中国工程院教育委员会. 探寻中国工程教育改革之路——"新形势下工程教育的改革与发展"高层论坛纪要. 高等工程教育研究. 2007，（6）.

[42] 祝海林，张炳生，胡爱萍，等. 工科学生工程能力培养体系的探索. 江苏工业学院学报. 2008，9（4）.

[43] 李虎成，陈利利，张君安. 关于构建和完善工程教育体系的思考. 经济师. 2004，（11）.

[44] 刘建国，刘志新. 工科院校面向大工程观的教育改革. 江苏工业学院学报. 2006，7（3）.

[45] 谢笑珍. "大工程观"的涵义、本质特征探析. 高等工程教育研究，2008，（3）.

[46] 彭熙伟，廖晓钟，邹凌. 卓越工程师教育培养探讨. 高等教育研究，2011，（10）.

[47] 鲁正，武贵，熊海贝. 美国高等工程教育及启示. 高等建筑教育，2013，22（3）.

[48] 王俊. 当代德国高等工程教育的主要特点与改革措施. 中国电力教育，2012，（19）.

[49] 张海英. 日本的工程教育认证. 高等工程教育研究. 2011，（5）.

[50] http：//www. gkong. com/item/news/2010/02/45026. html，先进制造与自动化技术发展战略的思考.

[51] http：//www. gkong. com/item/news/2014/07/79926. html，鲁思沃教授谈工业4.0及制造业的未来.

[52] 罗文. 德国工业4.0战略对我国推进工业转型升级的启示. 工业经济论坛，（4）.

[53] http：//www.chinadaily.com.cn/micro-reading/fortune/2014-07-29/content_12101178.html，德国工业4.0的本质与目标.